第一次养鹦鹉就恋爱了

鹦鹉饲养图鉴

[日]爱鸟生活 著　　赵百灵 译

河北科学技术出版社
·石家庄·

前言

几年前与虎皮鹦鹉共同生活的经历，让我开始着迷于鸟类独特的魅力。

我和它的初次相遇发生在宠物店。

当时我萌生了与虎皮鹦鹉共同生活的想法，因此去了宠物店，店里刚好有一只虎皮鹦鹉，而且还是一只白化虎皮鹦鹉。

刚开始养鸟的时候，我都是参考网络和饲养书上的方法，在尝试中不断学习。

现在回想起来，有很多事情都没做好……不由得每天都在反省。

后来，我又带回家一只白色文鸟和一只淡红色文鸟，现在我与三只爱鸟生活在一起。

与鸟类共同生活后，我才认识到它们是一种聪明且用情至深的生物。

我认为只要彼此坦诚以待，它们就会成为我们可靠的伙伴。

本书由森下小鸟医院的寄崎医生担任了审核工作，我家爱鸟平时承蒙她的照顾。

衷心感谢诊察细致入微、解说清晰易懂、并对小鸟爱护有加的寄崎医生。

另外，也要感谢让本书更加完善的编辑和设计师。

如果本书能给读者今后的养鸟生活带来一些帮助，我将不胜荣幸。

爱鸟生活（BIRDSTORY）

我从小就生活在公寓里，因此家里只能养鸟类和其他小动物。

我上小学时养过两只文鸟，它们活了 10 年，相当长寿。

现在受限于居住环境和双职工的生活方式，很多人像我小时候一样，也选择了叫声小且不需要花费太多时间照料的鸟类作为宠物。

鸟类的体形较小，所以相比其他动物，也更加敏感、娇贵。

如果主人不能注意到它每天的细微变化，很容易发生“带它去医院却为时已晚”的情况。

因此，本书中除了介绍基本的饲养方法外，为了让养鸟者了解鸟类的日常健康管理、鸟类多发疾病、去医院的时机等知识，重点对“饲养鸟类应该注意哪些问题”进行了解说。

本书是由多人协作共同完成的。

我要特别感谢的是：绘制了很多可爱插图的爱鸟生活（BIRDSTORY）以及邀我共同参与制作的编辑们。

同时，对一直支持我的医院工作人员和每天教给我很多东西的患者、宠物鸟们也致以真诚的谢意。

希望本书能够得到大家的喜爱。

寄崎真理央

BIRDSTORY'S STORY

鸟类是这样的动物

有的鸟类体形娇小，有的鸟类体形硕大。
我是太平洋鹦鹉。
我是玄凤鹦鹉。
我叫蓝黄金刚鹦鹉。
另外，鸟类也是感情丰富的生物。
我发誓爱你一辈子♡
喂，给我零食！
摆动翅膀
摆动翅膀
怎么样，对我们有初步了解了吗？

当主人外出的时候，
我们大部分时间
都在鸟笼中度过。
没有玩具的话，
无精打采
我们会十分无聊。
即使将我们放出
鸟笼，
孤单……
没有主人的陪伴，
我们也会十分难
过……
请认真做好
日常照料工
作哦！
不好好做的话，
我会生气的！
BIRD
FOOD

一起生活时，
咬！
嘎
偶尔也会出现一些困扰。
不过，
如果你给予我们满腔热情，
我们也会加倍回报给你！
请多多关照！
请多多了解我们，
享受轻松快乐的
养鸟生活吧！

目录

PART 1 挑选你想饲养的鹦鹉

12 你想饲养什么样的小鸟呢
14 考虑好生活方式再饲养
16 鹦鹉图鉴
32 燕雀图鉴
34 饲养前，来自小鸟的请求
36 应该选择雏鸟，还是幼鸟
38 带宠物鸟回家的时期与健康检查
40 带第二只宠物鸟回家时
42 BIRDSTORY'S STORY

PART 2 带宠物鸟回家吧

44 带宠物鸟回家前的准备
46 宠物鸟的饲养用品
48 选择鸟笼、栖木的要点
50 房间内不适合摆放鸟笼的地方
52 鸟笼应该放在哪里
54 带回家中第一周的照料方法（以幼鸟为例）
58 BIRDSTORY'S STORY

PART 3 日常照料

60 宠物鸟的日常照料
62 成鸟的营养学
64 每日饮食
66 如果以种子粮为主食
68 如果以滋养丸为主食
70 副食和零食的投喂方式
72 对鸟类而言危险的食物

74 清洁打扫，营造舒适的空间
76 为爱鸟安全地洗澡
78 享受日光浴，塑造健康体魄
80 记录体重和食量
82 保证出笼玩耍时的安全
84 剪趾甲的方法
86 BIRDSTORY'S STORY

PART 4 陪着鹦鹉玩耍

88 上手训练的要点
90 通过说话互动
92 与爱鸟肢体接触的方法
94 陪爱鸟一起玩耍
102 BIRDSTORY'S STORY

PART 5 鹦鹉饲养中的烦恼

104 鹦鹉可以独自看家吗
106 外出时该怎么办
108 如何选择医院
110 宠物鸟爱乱咬
112 不愿意回笼
114 拔毛成癖
116 总是大声喊叫
117 只认一个主人
118 频繁发情
122 因害怕主人的手而逃离
123 不吃蔬菜
124 自然脱毛
125 突然出现攻击性行为
126 如何减肥
128 BIRDSTORY'S STORY

GUIDE 鹦鹉读心术指南

130 鸟类在想些什么
131 鸣叫
133 行为 对象为鸟类
134 行为 对象为主人
136 行为 其他
142 BIRDSTORY'S STORY

PART 6 鹦鹉学

144 了解身体结构
150 观察鸟类的成长阶段
152 在雏鸟出生前要做什么准备
154 养育雏鸟的方式
158 带着宠物鸟去散步
160 鸟类生活 Q&A
162 BIRDSTORY'S STORY

PART 7 鹦鹉的病历本

164 带爱鸟去医院接受健康检查
168 每天的健康检查
172 可以从症状判断的疾病
180 紧急情况下的应急处理
184 病鸟护理
188 喂药方式
190 照料记录单

\ 投稿 /

带有“投稿”标记的漫画或专栏，是鸟主人分享给我们的小趣事。

PART 1

挑选
你想饲养的鹦鹉

鹦鹉、凤头鹦鹉、文鸟……

大家想饲养什么鸟呢?

我们先了解一下各种鸟类习性和特征，

再来想象一下即将到来的“铲屎官”生活吧!

你想饲养什么样的小鸟呢

鹦鹉大多原产于南半球

世界上有300多种“鹦形目”鸟类，它们大部分产自南美、澳大利亚、非洲等热带和亚热带地区。它们的外形和性格各不相同。请大家提前了解各个品种的特征（→p16～33），作为挑选时的参考。

从哪里获得宠物鸟呢?

获得宠物的方式有很多种，一定要亲自确认后再做决定。

繁育者（breeder）

繁育者指的是专门从事动物繁育的人。他们大多只会专门繁育特定品种，因此推荐已经决定好饲养鸟种的人们选择这种方式。该方式的优势是可以获取有关该鸟种的专业饲养建议，还可以看到鸟宝宝父母和其兄弟姐妹的状态。

宠物店或宠物鸟专卖店

宠物店或宠物鸟专卖店的鸟类品种繁多，可以进行比较和选择。请选择鸟笼干净卫生，店员热心解答有关饲养问题的店家。

熟人或宠物收容机构

可以领养熟人家的宠物鸟生下的雏鸟，或从宠物收容机构领养。不过，如果存在金钱交易，转让方需要做好登记。

- 鹦形目
  - 凤头鹦鹉科
    - 葵花凤头鹦鹉
    - 大白凤头鹦鹉
    - 粉红凤头鹦鹉
    - 玄凤鹦鹉
    - 等
  - 鹦鹉科
    - 非洲灰鹦鹉
    - 横斑鹦鹉
    - 太平洋鹦鹉
    - 牡丹鹦鹉
    - 桃脸牡丹鹦鹉
    - 虎皮鹦鹉
    - 等
- 雀形目
  - 梅花雀科
    - 斑胸草雀
    - 文鸟

鹦鹉和凤头鹦鹉有什么区别?

在鸟类分类学上，鹦鹉和凤头鹦鹉都属于“鹦形目”，“鹦形目”又分为“鹦鹉科*”和“凤头鹦鹉科”两科。文鸟也是一种较为常见的宠物鸟，不过它在分类上属于俗称雀鸟的“雀形目”。

* 雀鸟（finch）指的是雀形目下属于燕雀科和梅花雀科的小型鸟类。除文鸟外，还包括斑胸草雀和十姊妹鸟等。

考虑好生活方式再饲养

你想与宠物鸟如何相处呢?

虽然这些鸟儿可以泛称为“鹦鹉”或“凤头鹦鹉”，但鸟种不同，它们的外形、叫声、擅长的事情等也大不相同。人们习惯根据外形的喜好进行选择，但仅凭外形判断并不靠谱。

重要的是要搞清楚你想如何与宠物鸟相处。比如，“我住在公寓，所以鸟儿最好叫声低一些”或是“我想看几只鸟和谐相处的画面”等等。

不过，本书中介绍的只是鸟儿的普遍特征，鸟儿究竟是什么性格，还是要将它带回家饲养后才能知道。当然，无论遇到什么性格的鸟儿，作为主人都要做好对它负责的心理准备。

雄鸟

- 大多语言天赋高，擅长唱歌。
- 大多爱撒娇，害怕寂寞。

在雏鸟和幼鸟阶段，很难判断其性格，因此实际情况可能与预想不同。

or

雌鸟

- 大多性情冷静且有个性。
- 生殖系统病变的风险高于雄性。

任何品种的雌鸟生殖系统病变的风险都很高，因此要特别留意雌鸟的发情期和营养管理。

1只

or

多只

- 主人与宠物鸟的关系会越来越紧密。

鹦鹉是群居动物，因此如果主人经常不在家，它很容易寂寞。不过，尚不习惯照料宠物鸟的人，可以从一只养起。

- 宠物鸟之间会更加亲密，推荐想看鸟类和谐相处画面的主人多饲养几只。

基本上都是分笼饲养。不过性情相投的情侣鹦鹉（桃脸牡丹鹦鹉或牡丹鹦鹉等）可以合笼饲养。

你期待中的相处模式是什么样的?

考虑好你期待中与宠物鸟的相处模式、居住环境等状况后，
再挑选你想要带回家的鸟儿吧！

一起玩耍

单养1只鸟儿更容易亲近主人，不过考虑到鸟类的习性，一只鸟可能会感到寂寞。其实只要投入感情，无论你饲养的是什么品种的鸟儿，关系都可能会变亲密哦。

声音安静

小型鹦鹉比大型鹦鹉叫声小一些。尤其是太平洋鹦鹉和横斑鹦鹉，据说它们叫声很小。请实际听过它们的声音后，再决定是否带回家。

聊天对话

虎皮鹦鹉（雄性）、非洲灰鹦鹉、亚马孙鹦鹉都很喜欢说话。但这并不意味着所有该品种的鹦鹉都擅长说话。如果恰好遇到一只不会说话的鹦鹉，就当成它的特色吧。

不同鸟种的特征 → p16～33

虎皮鹦鹉

【英文名】 Budgerigar
【学　名】 *Melopsittacus undulatus*

基本数据

分类	鹦鹉科
栖息地	澳大利亚
体长	约20cm
体重	30～40g
野生状态下的食性	种子
寿命	8～10年
叫声大小	♪♪♪♪♪（1/5）
活动量	♥♥♥♥♥（5/5）
鸟喙强度	●●●●●（2/5）
脾气暴躁度	★★★★★（1.5/5）
鸟笼尺寸	■■■■■（2/5）

提到鹦鹉人们就会想到它

虎皮鹦鹉是饲养数量最多的鸟种，也是鹦鹉的代表品种。虎皮鹦鹉的好奇心旺盛，很少认生，雄性鸟大多擅长说话和模仿声音，在全世界都备受喜爱。

虎皮鹦鹉的叫声相对较小，鸟喙的力量较弱，因此，新手鸟主人饲养起来也很容易。

自19世纪初在澳大利亚被发现后，虎皮鹦鹉就作为宠物鸟，在以欧洲为中心的地区流行开来。经过多次杂交，才形成了现在如此丰富多彩的羽色。据说，目前共有5000多种颜色的虎皮鹦鹉。

- 大多擅长说话和模仿声音。
- 不怕生，好奇心旺盛。

虎皮鹦鹉的日常

早上好！

结果，它记住的却是孩子爸爸低沉的腔调……

玄凤鹦鹉

【英文名】 Cockatiel

【学　名】 *Nymphicus hollandicus*

基本数据

分类	凤头鹦鹉科
栖息地	澳大利亚
体长	约30cm
体重	80～100g
野生状态下的食性	种子
寿命	约15年
叫声大小	
活动量	
鸟喙强度	
脾气暴躁度	
鸟笼尺寸	

隶属于凤头鹦鹉科的“玄凤鹦鹉”

玄凤鹦鹉是世界上体形最小的凤头鹦鹉。据说它的英文名“Cockatiel”，就源自于葡萄牙语“Cacatith（小凤头鹦鹉）”。

玄凤鹦鹉的主要特征是头部、冠羽和脸颊上的红斑，不过也有部分品种颜色偏灰白且没有红斑。

虽然存在个体差异，不过玄凤鹦鹉大多害怕寂寞、十分依赖主人，且性格敏感。

发生地震时，玄凤鹦鹉容易陷入恐慌，有时还会发生俗称“夜惊”的状况。

玄凤鹦鹉的性格比较温和，但如果照顾不当，偶尔也会出现攻击性行为，因此在饲养过程中一定要多加留意。

原生品种的雄性玄凤鹦鹉
头部为黄色，身体为灰色，
雌性全身均为灰色。

我的脸是白色的哦。

- 雄性玄凤鹦鹉大多擅长唱歌和模仿声音。
- 生性敏感，容易发生夜惊。

投稿

玄凤鹦鹉主人的日常

你有什么爱好？

我想想看……
可能是收集我家小玄的羽毛吧！

每当我发现它脸颊红斑上的橙色羽毛时，兴奋程度不亚于找到了四叶草……

呜哇
其他人都被吓跑了……

桃脸牡丹鹦鹉

【英文名】 Peach-faced Lovebird
【学　名】 *Agapornis roseicollis*

基本数据

分类	鹦鹉科
栖息地	非洲
体长	约15cm
体重	45～55g
野生状态下的食性	种子
寿命	约15年
叫声大小	♪♪♪♪♪
活动量	♥♥♥♥♥
鸟喙强度	●●●●●
脾气暴躁度/雄性	★★★★★
脾气暴躁度/雌性	★★★★★
鸟笼尺寸	■■■■■

喜欢肢体接触的“情侣鹦鹉”

从鲜艳的配色到素雅的搭配，桃脸牡丹鹦鹉最大的魅力就是它们美丽的羽色。正如它们的英文名“Lovebird（情侣鹦鹉）”一样，这种鹦鹉一旦认定伴侣，便会一直不离不弃。不过，它们对伴侣之外的人类或鸟都有些冷漠，特别是雌性鸟比雄性鸟更具攻击性。成对饲养时，两只鹦鹉之间一定会形影不离，因此人类要做好被忽视并沦为单纯“铲屎官”的心理准备。

* 我国大多数鹦鹉属于国家级保护动物，目前确认可私人饲养的鹦鹉只有虎皮鹦鹉、桃脸牡丹鹦鹉、玄凤鹦

黄领牡丹鹦鹉

【英文名】 Masked Lovebird

【学　名】 *Agapornis personata*

基本数据

分类	鹦鹉科
栖息地	非洲
体长	约14cm
体重	35～45g
野生状态下的食性	种子
寿命	约15年
叫声大小	♪♪♪♪♪
活动量	♥♥♥♥♥
鸟喙强度	●●●●●
脾气暴躁度	★★★★★
鸟笼尺寸	■■■■■

内向又个性鲜明的情侣鹦鹉

胖嘟嘟的身材以及点缀眼周的白色“眼影”是黄领牡丹鹦鹉最大的魅力。黄领牡丹鹦鹉与桃脸牡丹鹦鹉一样，也被称为“Lovebird（情侣鹦鹉）”，它们对伴侣非常依赖。

黄领牡丹鹦鹉的性格十分温和，不过占有欲强，还爱吃醋，因此如果只养一只，主人就成为它的伴侣，请注意多与它互动，别让它感到无聊。

太平洋鹦鹉

【英文名】 Pacific Parrotlet
【学　名】 *Forpus coelestis*

最大的魅力在于可以收入手心的体形

太平洋鹦鹉是最小的宠物鹦鹉。它们的体形小而圆润，羽色鲜艳，眼睛水汪汪的，不知萌化了多少人的心。

不同于它们娇小的体形，太平洋鹦鹉的性格十分强势，鸟喙强劲有力。另外，它们的性格中也不乏贪玩和好奇心强的一面。太平洋鹦鹉的叫声相对较小，一般不会影响饲养者的休息和生活。

基本数据

分类	鹦鹉科
栖息地	厄瓜多尔、秘鲁
体长	约13cm
体重	28～35g
野生状态下的食性	种子、果实
寿命	约12年
叫声大小	♪（1/5）
活动量	♥♥♥♥（4/5）
鸟喙强度	●●●（3/5）
脾气暴躁度	★★（2/5）
鸟笼尺寸	■■（2/5）

稳重而个性鲜明的鹦鹉

基本数据

分类	鹦鹉科
栖息地	中美洲、南美洲
体长	约16cm
体重	45~55g
野生状态下的食性	种子、花、嫩芽
寿命	约12年
叫声大小	♪♪♪♪♪（1/5）
活动量	♥♥♥♡♡（3/5）
鸟喙强度	●●●○○（3/5）
脾气暴躁度	★★☆☆☆（2/5）
鸟笼尺寸	■■□□□（2/5）

横斑鹦鹉最令人印象深刻的是体羽上带有的斑纹。另外，它们的走路姿势十分独特，身体前倾、慢吞吞的，这也是横斑鹦鹉的魅力之一。

横斑鹦鹉的性格正如它走路的姿势一样，稳重而有个性。不过，有时它们的脾气也很暴躁。横斑鹦鹉的叫声很小，但在试图表达自己的想法时会稍微提高音量。

横斑鹦鹉

【英文名】 Barred Parakeet

【学　名】 *Bolborhynchus lineola*

性格温和，可以上手的鹦鹉！

伯克氏鹦鹉又名“秋草鹦鹉”，令人印象最深的是它们的粉红色羽毛，不过其实原生品种的体羽是褐色的。羽色淡而柔和是这种鹦鹉的一大特征。

伯克氏鹦鹉的性格就像外表所展现出的一样，温和而惹人怜爱，不过它们也有敏感的一面。伯克氏鹦鹉的叫声很小，容易亲近人类，经过训练后很容易上手。

基本数据

分类	鹦鹉科
栖息地	澳大利亚
体长	约19cm
体重	40～50g
野生状态下的食性	种子
寿命	8～15年
叫声大小	♪♪♪♪♪
活动量	♥♥♥♥♥
鸟喙强度	●●●●●
脾气暴躁度	★★★★★
鸟笼尺寸	■■■■■

伯克氏鹦鹉

【英文名】 Bourke's Parrot

【学　名】 *Neopsephotus bourkii*

非洲灰鹦鹉

【英文名】 Grey Parrot

【学　名】 *Psittacus erithacus*

基本数据

分类	鹦鹉科
栖息地	非洲
体长	约33cm
体重	约400g
野生状态下的食性	种子、坚果
寿命	约50年
叫声大小	♪♪♪♪(♪)
活动量	♥♥♥♡♡
鸟喙强度	●●●●●
脾气暴躁度	★★★★☆
鸟笼尺寸	■■■■□

* 2017年1月2日起，非洲灰鹦鹉被列入《濒危野生动植物种国际贸易公约》附录I的新指定物种。

最聪明且擅长说话的鹦鹉

非洲灰鹦鹉是最具代表性的大型鹦鹉，大型鹦鹉容易被误认为属于凤头鹦鹉科，不过非洲灰鹦鹉并无冠羽，因此它其实属于鹦鹉科。

非洲灰鹦鹉的性格敏感、谨慎，还特别聪明！它们的智商相当于5岁儿童，有些非洲灰鹦鹉甚至可以与人类或其他鹦鹉交谈。部分非洲灰鹦鹉经过训练后，可以掌握超过100个单词。

个性活泼的调皮鬼

基本数据

分类	鹦鹉科
栖息地	委内瑞拉东南部
体长	约30cm
体重	约100g
野生状态下的食性	种子、果实、坚果、花朵、花蕾
寿命	15~25年
叫声大小	♪♪♪♪♪
活动量	♥♥♥♥♥
鸟喙强度	●●●●●
脾气暴躁度	★★★★★
鸟笼尺寸	■■■■■

太阳锥尾鹦鹉的羽色艳丽多彩，由橙色、黄色、绿色组成，是最近越来越受欢迎的一种鹦鹉。

太阳锥尾鹦鹉的性格正如它们华丽的外表所展现出的，十分活泼。虽然它们不擅长说话，不过性格黏人，因此作为伴侣鸟（Companion Bird）*深受人们的关注。不过，太阳锥尾鹦鹉的叫声很大，还十分贪玩。因此，饲养时要考虑清楚如何隔音以及是否有足够的时间陪它们玩耍。

太阳锥尾鹦鹉

【英文名】 Sun Conure

【学　名】 *Aratinga solstitialis*

* 伴侣鸟（Companion Bird）指的是喜欢与人类交流的鸟。

绿颊锥尾鹦鹉

【英文名】 Green-cheeked Conure

【学　名】 *Pyrrhura molinae*

擅长说话

绿颊锥尾鹦鹉和黑帽锥尾鹦鹉等被称为“小太阳鹦鹉”，它们有各种不同种类，共同特征是颈部周围的鳞片状羽毛纹理。绿颊锥尾鹦鹉的最大特征是绿色的脸颊和红色尾羽。

绿颊锥尾鹦鹉的性格十分活泼，擅长说话，活动量也很大，因此饲养者要抽出充足的时间陪它们玩耍。

基本数据

分类	鹦鹉科
栖息地	南美
体长	约25cm
体重	约65g
野生状态下的食性	种子、坚果、果实、花朵
寿命	12～18年
叫声大小	♪♪♪ (3/5)
活动量	♥♥♥♥♥ (5/5)
鸟喙强度	●●●●○ (4/5)
脾气暴躁度	★★☆☆☆ (2/5)
鸟笼尺寸	■■■□□ (3/5)

虹彩吸蜜鹦鹉

【英文名】 Rainbow Lorikeet
【学　名】 *Trichoglossus haematodus*

基本数据

分类	鹦鹉科
栖息地	澳大利亚
体长	约30cm
体重	约130g
野生状态下的食性	花蜜、果实、昆虫
寿命	约20年
叫声大小	♪♪♪♪♪
活动量	❤❤❤❤❤
鸟喙强度	●●●●●
脾气暴躁度	★★★★★
鸟笼尺寸	■■■■■

正如其名字“虹彩”所示，颜色十分鲜艳

虹彩吸蜜鹦鹉的羽色鲜艳，性格开朗亲人，十分受人喜爱。它们性格活泼，十分贪玩。虽然存在个体差异，不过部分虹彩吸蜜鹦鹉甚至会在主人的手上翻滚玩耍！虹彩吸蜜鹦鹉会在鸟笼周围排软便，因此请务必勤于打扫。

粉红凤头鹦鹉

【英文名】 Galah
【学　名】 *Eolophus roseicapillus*

基本数据

分类	凤头鹦鹉科
栖息地	澳大利亚
体长	约35cm
体重	300～400g
野生状态下的食性	种子、花、花蕾、坚果、昆虫
寿命	约40年
叫声大小	♪♪♪♪♪
活动量	❤❤❤❤❤
鸟喙强度	●●●●●
脾气暴躁度	★★★★★
鸟笼尺寸	■■■■■

粉红色的羽毛和柔软的冠羽

粉红凤头鹦鹉隶属于凤头鹦鹉科，头上长有美丽的冠羽，最突出的特征就是从头部覆盖到腹部的粉红色羽毛。粉红凤头鹦鹉的性格活泼，好奇心旺盛，大多擅长说话。

和尚鹦鹉

【英文名】 Monk Parakeet

【学　名】 *Myiopsitta monachus*

基本数据

分类	鹦鹉科
栖息地	南美
体长	约29cm
体重	100～120g
野生状态下的食性	种子、果实、昆虫
寿命	约15年
叫声大小	♪♪♪♪♪（深色3个，浅色2个）
活动量	♥♥♥♥♥
鸟喙强度	●●●●○
脾气暴躁度	★★★☆☆
鸟笼尺寸	■■■□□

智商首屈一指

和尚鹦鹉因其淡雅的羽色而备受青睐。它们非常聪明，大多性格安静。虽然体形不大，但是它们的声音却不小，因此，饲养时请务必做好隔音处理。

蓝头鹦哥

【英文名】 Blue-headed Parrot

【学　名】 *Pionus menstruus*

基本数据

分类	鹦鹉科
栖息地	巴西
体长	约28cm
体重	约250g
野生状态下的食性	种子、果实、花朵
寿命	约25年
叫声大小	♪♪♪♪♪（深色3个，浅色2个）
活动量	♥♥♥♥♡
鸟喙强度	●●●●○
脾气暴躁度	★★☆☆☆
鸟笼尺寸	■■■■□

头部为蓝色，身体为绿色

蓝头鹦哥平时性格大多较为安静，不过喜怒形于色，如果主人不陪它们玩耍，有时会露出明显生气的表情。

金头凯克鹦鹉

【英文名】 White-bellied Caique

【学　名】 *Pionites leucogaster*

基本数据

分类	鹦鹉科
栖息地	巴西
体长	约23cm
体重	约150g
野生状态下的食性	种子、果实、花朵、叶片
寿命	约25年
叫声大小	♪♪♪♪♪
活动量	♥♥♥♥♥
鸟喙强度	●●●●○
脾气暴躁度	★★★☆☆
鸟笼尺寸	■■■■□

性格开朗、活泼可爱的淘气鬼

金头凯克鹦鹉大多语言天赋不高，不过它们性格开朗，喜欢卖萌。头部为黑色羽色的品种也被称为“黑头凯克鹦鹉”。

青绿顶亚马孙鹦鹉

【英文名】 Blue-fronted Amazon

【学　名】 *Amazona aestiva*

基本数据

分类	鹦鹉科
栖息地	南美洲
体长	约35cm
体重	约400g
野生状态下的食性	种子、坚果、果实
寿命	40～50年
叫声大小	♪♪♪♪♪
活动量	♥♥♥♥♡
鸟喙强度	●●●●●
脾气暴躁度	★★★★☆
鸟笼尺寸	■■■■■

绿色的身体，蓝色的鼻子

亚马孙鹦鹉分为青绿顶亚马孙鹦鹉、红颈亚马孙鹦鹉等多个品种。青绿顶亚马孙鹦鹉是一种具有“拉丁气息”的鹦鹉，不但擅长说话，而且能歌善舞。

蓝黄金刚鹦鹉

【英文名】 Blue-and-gold Macaw

【学　名】 *Ara ararauna*

世界上体形最大的鹦鹉！

蓝黄金刚鹦鹉拥有高大的体形，以及与之相匹配的巨大咬合力，需要加以训练后再饲养。不过，蓝黄金刚鹦鹉其实大多性格温和友善。它们的声音粗犷响亮。

基本数据

分类	鹦鹉科
栖息地	南美洲
体长	约86cm
体重	约1000g
野生状态下的食性	种子、坚果、果实、花蜜、花蕾
寿命	50～100年
叫声大小	♪♪♪♪♪
活动量	♥♥♥♥♡
鸟喙强度	●●●●●
脾气暴躁度	★★★☆☆
鸟笼尺寸	■■■■■

大白凤头鹦鹉

【英文名】 White Cockatoo

【学　名】 *Cacatua alba*

基本数据

分类	凤头鹦鹉科
栖息地	印度尼西亚
体长	约46cm
体重	约500g
野生状态下的食性	种子、坚果、果实
寿命	40～60年
叫声大小	♪♪♪♪♪
活动量	♥♥♥♥♡
鸟喙强度	●●●●●
脾气暴躁度	★★★☆☆
鸟笼尺寸	■■■■■

简直像狗狗一样黏人

大白凤头鹦鹉是一种十分黏人、喜欢撒娇的鸟种。它们的性格温和友善，但有早晚啼叫的习惯，声音十分高亢！因此请务必考虑好隔音问题。

文鸟

因身强体健、容易饲养而备受青睐的宠物鸟！

【英文名】 Java Sparrow
【学　名】 *Lonchura oryzivora*

文鸟的正式名字为禾雀或爪哇禾雀，隶属于雀形目。文鸟与麻雀所属的科不同，不过外形十分相似。圆溜溜的大眼睛、眼周的红色眼圈，再加上大大的鸟喙是文鸟的突出特征。性格亲人，容易饲养，也是文鸟的魅力之一。

基本数据

分类	梅花雀科
栖息地	印度尼西亚
体长	约15cm
体重	约25g
野生状态下的食性	种子、昆虫、果实
寿命	8～10年
叫声大小	♪♪♪♪♪
活动量	♥♥♥♥♥
鸟喙强度	●●●●●
脾气暴躁度	★★★★★
鸟笼尺寸	■■■■■

基本数据

分类	梅花雀科
栖息地	澳大利亚
体长	约10cm
体重	约12g
野生状态下的食性	种子、昆虫、果实
寿命	约10年
叫声大小	♪♪♪♪♪
活动量	♥♥♥♥♥
鸟喙强度	●●●●●
脾气暴躁度	★★★★★
鸟笼尺寸	■■■■■

体长10cm的小型雀鸟

斑胸草雀因娇小可爱的体形、小而独特的叫声而备受人们的喜爱。雄鸟的脸颊有橙色斑块，胸前有横纹，雌鸟则不具有以上特征，因此成鸟后很容易分辨雌雄。

斑胸草雀体形小巧，很容易发生意外踩踏事故，照料时请务必小心。

斑胸草雀

【英文名】 Zebra Finch

【学　名】 *Taeniopygia guttata*

饲养前，来自小鸟的请求

1 迎接宠物鸟回家，请担负起该有的责任

宠物鸟的生活离不开主人的照料。对它而言，与主人交流是非常幸福的体验。甚至可以说，宠物鸟的幸福取决于主人。

你能够给宠物鸟带来幸福吗？

与人类相比，鸟类的体形十分娇小。不过它们的寿命并不短，一般为10～20年，有些鸟种的寿命甚至可以达到50年以上。

千万不要因为“想养只鸟玩”等一时兴起的想法而饲养鸟儿，请认真地思考一下10年、20年以后自己的生活状态。在你设想的未来，你也可以像现在一样坚持照料它们吗？

在与宠物的相处中，欢乐的时光一定很多，但有时我们也会被鸟儿的问题行为所困扰。作为主人的责任就是，即便遇到这些问题，也要照料爱鸟到终老，让它们幸福。

2 全家共同爱护它！

如果与家人住在一起，在养鸟之前，必须征得家人的同意。照料时，也要全家互相协助。另外，带宠物鸟回家前还需要确认家里是否有人对鸟类过敏。

3 营造舒适的环境！

你能为宠物鸟提供舒适的环境吗？如果同时饲养其他可能对鸟类造成危害的宠物，请务必划分好生活空间。

关于摆放鸟笼的地方 → p52

注意 与同居动物的关系

- ○ **猛禽类以外的鸟类、兔子、仓鼠**
- × **狗、猫、雪貂**

平时性情温顺的动物也存在本能行为。请避免同时饲养在自然界将鸟类视为捕食对象的猫、狗等动物。

应该选择雏鸟，还是幼鸟

关键在于你能花费多少精力照料它

一般情况下，从雏鸟时期开始培养的宠物鸟和主人更亲近，上手*的概率也会大幅度提高。"那就养一只雏鸟吧"，也许有人会这样想当然地做出决定，我建议您不要一时冲动。决定饲养雏鸟还是幼鸟，最重要的是主人能花费多少精力照料它们。

如果选择饲养雏鸟，主人必须每隔几小时就人工喂食一次（雏鸟的饲养方法→p154～157）。而且，雏鸟的身体很容易生病，需要主人特别留意它们的身体状况。

- 主人亲手喂食长大，因此和主人更亲近。
- 不与亲鸟和兄弟姐妹一起生活，无法很好地完成社会化。
- 如果不能学会鸟类的社会生活，有时会导致无法顺利地与人建立关系。压力较大时，甚至会出现拔毛癖（→p114）或用力啄咬人类。
- 将来准备饲养第二只鹦鹉时，可能不会和谐相处。
- 主人亲手喂食的难度较高。

* 上手：指通过训练使鸟能根据主人的信号飞到主人的手上。

重要的“社会化期”

鸟类在幼鸟阶段将迎来“社会化期”，这期间的经历关系到以后的性格形成。为了让它们习惯人类和其他鸟类的存在，以及不再恐惧于未知的事物。在社会化期让它们多多接触人类、鸟类，以及各种各样的事物非常重要。

幼鸟就是不再需要人工喂养的小鸟

为了防止小鸟被带到家里后出现无法自行进食等问题，很多商店倾向于出售已经可以自行进食的幼鸟。

无论饲养雏鸟还是幼鸟，最好选择与亲鸟和手足共同长大且受人疼爱的类型。

幼鸟

- 该阶段无须人工喂食，因此主人可以边工作边照料。
- 如果与亲鸟和同胞兄弟姐妹共同长大，鸟儿可以很好地完成社会化。（部分商店会将宠物鸟分装在不同的盒子内，这种情况下无法很好地完成社会化。）
- 相对于人类，可能更喜欢其他鸟类同伴。
- 如果没有通过亲自喂食让鸟儿适应人类的手，将来它可能会害怕人类的手。

带宠物鸟回家的时期与健康检查

带雏鸟回家，最佳时期是春季和秋季

在自然界中，夏季和冬季本来就是不适合产卵的时期，就连繁育者也很难在这两个季节进行正常的繁育，因此如果想带雏鸟回家，最佳时期是春季和秋季。

雏鸟容易因温度变化而出现身体不适，因此如果在夏季或冬季入手雏鸟，就需要多加留意温度和湿度的变化。

另外，如果找到了中意的宠物鸟，要先去宠物店或繁育者那里确认一下饲养环境和健康状况。还有一点也非常重要，就是征得对方的许可后实际触摸一下宠物鸟。如果它还害怕人的手，说明它可能还没习惯与人类相处。

带回家前，先去实地确认一下吧

除了确认饲养环境和健康状况外，
其他关心的问题也可以咨询对方！

1 确认环境

确认宠物鸟居住的鸟笼是否打扫干净，是否有未清理的旧饲料。带鸟儿回家后，为它营造与以前相同的环境，它也会更加安心。

2 确认宠物鸟的相关信息

除了生日、病历、性格外，还可以询问宠物鸟此前吃过的饲料。环境的变化很容易造成宠物鸟的身体出现问题，因此将它带回家后，最好暂时保持环境不变。

确认事项

- ☐ 生日 ☐ 生活圈
- ☐ 病史、检查过的疾病
- ☐ 此前吃过的鸟粮
- ☐ 性格 ☐ 饲养环境的温度

鸟类健康检查清单

身体
没有流鼻涕、
鼻周无脏污
眼睛有神，眼周无分泌物
鸟喙没有变形
羽毛漂亮整齐
（成鸟）
屁股干净，没
有脏污
粪便正常
没有咳嗽症状，呼吸时
也没有气泡声
脚爪强劲有力，
可以正常抓握
性格、状态
不惧怕人类的手
精神状态良好
进食状况良好
无羽毛蓬松现象

注意

鸟类不容易判断性别!

迎接鹦鹉回家时，经常发生实际性别与在宠物商店询问到的性别不一致的状况。这是因为年幼的鸟类很难辨别雌雄。请做好心理准备，可能会出现性别与预想不同的状况。

带第二只宠物鸟回家时

若有家人的陪伴，一只也不会孤单

野生状态下的鹦鹉其实是群居动物。因此，比起养一只鹦鹉独自看家，饲养多只鹦鹉会令它们更安心。不过，如果鹦鹉已将主人视为伴侣，受领地意识的影响，它们可能会不接受后来者。即便是可以成对饲养的情侣鹦鹉，也有因性格不合而无法和谐相处的案例。

当你准备带第二只鸟儿回家时，不要轻易下决定，应首先考虑第一只鹦鹉的性格，再做判断。

饲养多只鹦鹉的优点、缺点

鹦鹉是一种十分怕寂寞又不擅长独处的动物。在主人长时间不在家时，如果附近有同伴，就算不在同一个鸟笼里，也能让鹦鹉更有安全感，还能消解它们无聊的时光。不过，不同品种的鹦鹉若同处一笼可能会互相撕咬，哪怕品种相同，也可能因性格不合而无法同居。

饲养第二只鹦鹉的方法

首先安排新来的鹦鹉接受健康检查

准备饲养新的宠物鸟时，需要先将其带到医院接受健康检查，确认它是否患有传染病等疾病。在清楚掌握健康状况前，最少需要隔离饲养1个月。

让它们隔着鸟笼见面

最开始同处一个房间时，需要让鸟儿们分笼饲养并保持距离，让它们习惯彼此的存在！如果没有问题，再将第二只鹦鹉的鸟笼放在原来那只鸟笼的旁边。

优先照料原来的鸟儿

鹦鹉非常喜欢吃醋，为了防止照料后来者导致“原住民”吃醋，无论是喂食饲料，还是清洁鸟笼，或者是陪伴玩耍，都要优先照料原来的鸟儿。

暂时不要移开视线

在它们适应彼此的存在前，要仔细盯着它们。即便它们已经熟悉了，一起放出笼子玩耍时，你也不要移开视线。因为就算是性情温顺的鹦鹉，也可能因为进入发情期等原因而产生攻击性。一旦玩耍发展成激烈的争斗，甚至可能引发流血事件。

BIRDSTORY'S STORY

鹦鹉的饲养日常

PART 2

带宠物鸟回家吧

马上就要带宠物鸟回家啦！

不过在此之前，首先要做好饲养的准备。

弄清楚与宠物鸟共同生活需要什么物品，

以及它们适合什么样的环境。

带宠物鸟回家前的准备

鸟笼外也要放上玩具，以便它们出笼时玩耍。为了防止它们玩腻，可以准备多个玩具轮流替换。

出笼玩耍→p94

请准备立式栖木，便于宠物鸟在出笼玩耍时休息，也可以辅助测量爱鸟的体温。

测量体重→p80

带宠物鸟回家前，请准备好鸟笼！

把宠物鸟从宠物店等处带回家前，需要先准备好鸟笼。

鸟笼就相当于宠物鸟的家，它们一天中的大部分时间都是在鸟笼中度过的。请参考右页，提前为宠物鸟布置好舒适宜居的鸟笼环境吧。

另外，如果准备饲养的是需要人工喂食的雏鸟，可以参考p155，只准备一些雏鸟用品即可。等雏鸟可以自行进食并更换为笼内饲养时，再将鸟笼准备好。

另外，也不要忘记准备与鸟笼相匹配的其他宠物用品（各种宠物用品的挑选方法→p46～47）。

鸟笼内的物品是否过多?

- 2根栖木即可。
- 靠边放1～2个玩具。
- 保温用品请放在鸟笼外侧。

玩具

悬挂型玩具可能刮到宠物鸟的羽毛，使它陷入恐慌。另外，请根据宠物鸟的性格挑选玩具。

栖木

安装时请注意不要妨碍宠物鸟的活动。特别是文鸟，最好分开摆放两根栖木，以便它们前后运动。

温湿度计

为了让宠物鸟保持健康，需要对温度、湿度进行管理。室内的不同场所也存在温度差，因此请将相关设备摆放在鸟笼旁边。

保温用品

在寒冷的季节还需要准备保温用品。为了防止烫伤宠物鸟，请将其放在它们接触不到的地方。

水槽

请将水槽放在宠物鸟方便饮用的地方。喂食贝壳粉(→p70)时需要另行准备容器。

食槽

请将食槽放在宠物鸟方便进食的地方。推荐将其放在栖木附近。

准备

宠物鸟的饲养用品

带爱鸟回家前就准备好

食槽、水槽

您可以使用鸟笼附带的食槽、水槽。如果附带的容器太深不方便进食，可以更换为浅一些的容器。

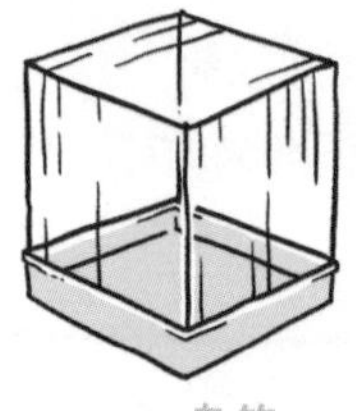

鸟笼

根据宠物鸟的体形选择鸟笼。

详见 → p48

温湿度计

经常确认温度、湿度。请将其放在鸟笼附近或安装在鸟笼上。

栖木

栖木有各种类型。请根据宠物鸟脚趾的大小进行选择!

详见 → p49

选择物品时要注重功能性

一旦决定饲养宠物鸟，首先要备齐需要的物品，做好万全的准备后再带它回家。饲养用品是宠物鸟每天都会使用的，因此相对设计而言，它的功能性更为重要。

- 宠物鸟是否感到舒适。
- 有无发生事故的危险。
- 是否方便主人清洁。

以上三点是选择的关键。

另外，可能有些宠物主人会认为准备巢箱更好些，不过巢箱可能诱发宠物鸟发情。无论您养的是雄鸟还是雌鸟，如果不考虑繁殖，最好还是不要放入巢箱。

体重秤

想要维持宠物鸟的身体健康，体重管理不可或缺。推荐精度可达1g的厨房秤。

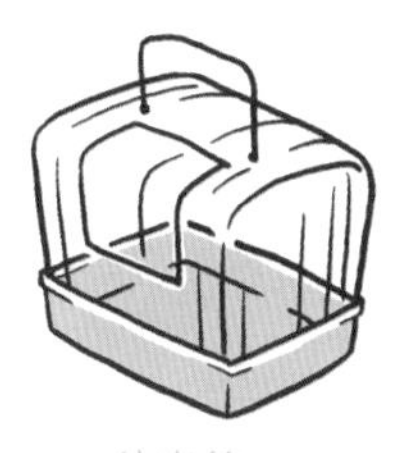

外出笼

用于带宠物回家或去宠物医院看病等场合。请根据宠物鸟的体形进行选择。

玩具

根据材质和形状可以分成不同的种类。请花些心思寻找宠物鸟中意的玩具!

详见 p94

保温用品

请务必在天气变冷前准备好! 有保温板和保温灯两种类型。

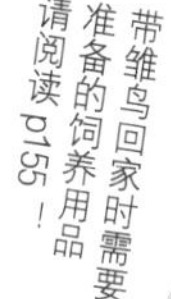

带雏鸟回家时需要
准备的饲养用品
请阅读p155！

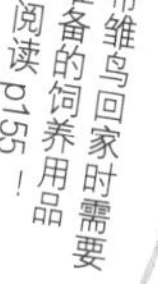

如果有需要，这些物品也准备一下吧。

蔬菜专用食槽

蔬菜是维持宠物鸟身体健康所必需的饲料。有些蔬菜专用食槽可以用夹子固定。

钙粉专用食槽

请为钙粉另外准备容器，不要与食槽混用。推荐可以固定在鸟笼上的类型。

清扫用品

请准备鸟笼内外专用的清扫工具。如果有迷你扫把和牙刷会更便捷。

锁扣

为了防止宠物鸟用鸟喙打开鸟笼逃走，请用锁扣锁住鸟笼门!

准备

选择鸟笼、栖木的要点

颜色

鸟笼的种类很多，仅栅栏的颜色就分为黑色、白色，以及不锈钢银色等。需要注意的是，经过喷漆处理的鸟笼，如果生锈部分被宠物鸟咬掉，可能会造成内部金属裸露。

使用方便

无论是放鸟出笼，还是将鸟放入笼内，鸟笼都是宠物主人与爱鸟的互动之所。请以是否方便宠物鸟进出，以及是否方便打扫为基准进行选择。

选择鸟笼的方法

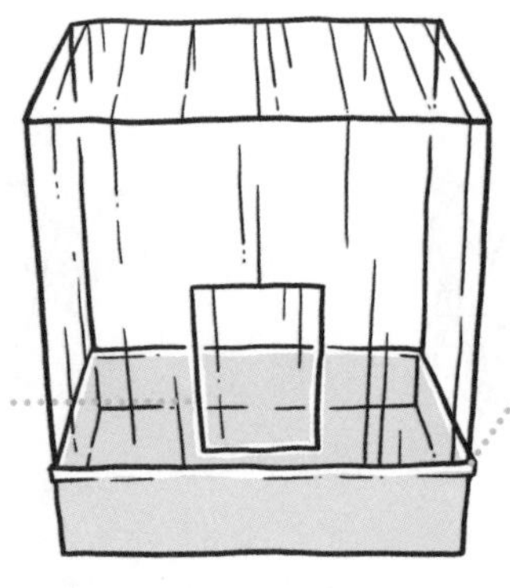

正面向外开门的鸟笼，便于宠物主人与爱鸟互动。

为了防止取出隔离底网时，宠物鸟从出口逃走，附带笼门遮挡装置的鸟笼会更令人放心。

尺寸

选择鸟笼最重要的就是要匹配宠物鸟的体形。需要特别注意，玄凤鹦鹉等宠物鸟的尾羽较长，请为它们准备尾羽不会勾到栅栏的尺寸。如果鸟笼太小，可能会令宠物鸟受伤，或尾羽受损。

如果饲养 1 对情侣鹦鹉，请选择比饲养 1 只时更大的鸟笼。

雀鸟用（文鸟等）

鸟笼大小

长32cm × 宽26cm左右的鸟笼。

小型鹦鹉用（虎皮鹦鹉等）

鸟笼大小

边长35cm左右的鸟笼。

中型鹦鹉用（玄凤鹦鹉等）

鸟类大小

边长45cm左右的鸟笼。

大型鹦鹉用（非洲灰鹦鹉等）

鸟笼大小

边长为45cm，高度在60cm以上，栅栏厚度在2mm以上的鸟笼。

特大型鹦鹉用（蓝黄金刚鹦鹉等）

鸟笼大小

边长为46cm，高度在100cm以上，栅栏厚度在3mm以上的鸟笼。

天然栖木

适合成鸟。指的是由桉树和仙人掌木等天然材料加工而成的栖木，其主要特征是树枝粗细不等。

人工栖木

经后期加工，树枝粗细一致的栖木。推荐给还没有完全掌握站杆的雏鸟。

安装式

可以安装在鸟笼或房间墙壁上。如果要安装在鸟笼内，推荐在笼内前后两侧各设置一根栖木，一上一下制造高低错落的感觉。

站立式

房间内还需准备站立式栖木。可以用来和宠物鸟互动，也可以辅助测量体重。立式栖木的材质也分为天然和人工两种。

粗细

宠物鸟的脚爪抓握栖木时，脚爪包裹住栖木的2/3～3/4为最佳。不过，如果宠物鸟一直站在同样粗细的栖木上，很容易对它脚爪的一部分造成负担。如果使用粗细不一的天然木材，则无须担心。

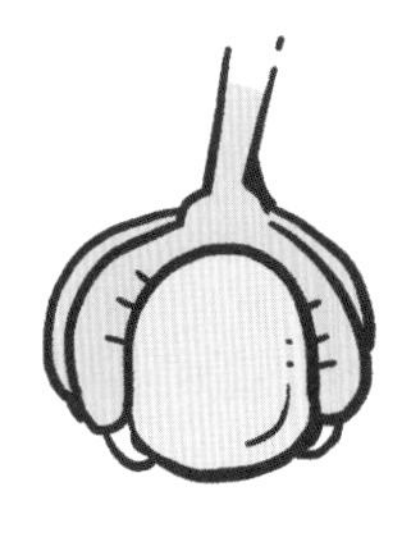

选择鸟笼和栖木时，最重要的一点就是尺寸。

如果鸟笼尺寸太小，宠物鸟会将鸟笼视为巢箱，可能会诱发宠物鸟发情。反之，如果过大，可能会降低宠物鸟出笼玩耍时的乐趣。

太粗或是太细的栖木，则会对宠物鸟的脚爪造成负担。

准备

房间内不适合摆放鸟笼的地方

最好放在有人聚集的地方

有些宠物主人为了宠物鸟着想，可能会考虑将鸟笼放在“安静且不被打扰”的房间，但这是不正确的。因为宠物鸟其实非常害怕寂寞，喜欢和同伴待在一起。

●请将其放在主人能随时看到的地方，以便能及时发现宠物鸟的异常。

●请将其放在有人聚集的地方，以免宠物鸟寂寞。

将鸟笼放在符合以上两个条件的房间即可。

饲养多只宠物鸟的家庭，请将鸟笼并排摆放，让它们能够看到彼此，这样爱鸟们才不会无聊。

确认房间是否适合摆放鸟笼

下面我们确认一下房间内的这些区域是否适合摆放鸟笼。
请从宠物鸟的需求出发，为它们安排最适合的房间！

× 玄关

玄关和卧室一样，会让宠物鸟感到寂寞。加之，进出口附近温差较大，因此最好不要放在此处。

× 卧室

卧室虽然安静也不容易被打扰，但人很少出入，会让爱鸟感到寂寞，因此并不适合。

× 厨房

厨房会用到明火和油，非常危险，绝不可将鸟笼放入。有事故记录显示，即使鸟笼不靠近明火，宠物鸟吸入做饭时产生的油烟或氟树脂产品干烧产生的气体，也会导致身体不适甚至死亡。

○ 客厅

主人在家时，推荐将鸟笼放在客厅，因为这里有空调、有电视传出的声响以及最爱的主人就在身边。另外，人多更容易及时发现宠物鸟的异常。当然，室内要禁止吸烟哦！

适合宠物鸟的温度和湿度

温度 15～25℃
湿度 50%～60%

以上数据是健康成鸟的基准。雏鸟和病鸟需要更加温暖的环境，因此鸟笼附近的温度需要保持在28～30℃。

一室户型

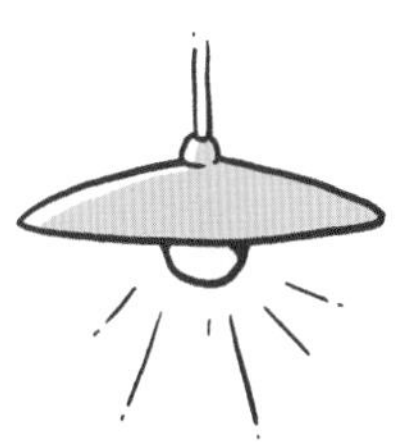

除了p52的条件之外，尽量将鸟笼放在远离厨房的地方。另外，如果宠物主人的就寝时间较晚，需要一直开灯的话，到了宠物鸟的睡觉时间，可以给鸟笼盖上遮光罩，让它休息。

好寂寞……

这边太吵了，我们去其他房间吧。

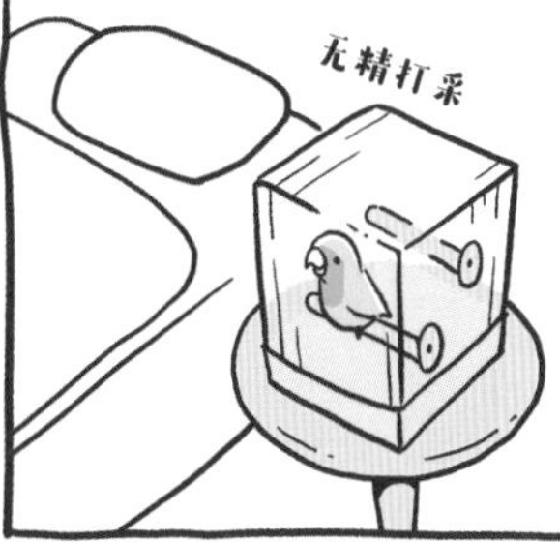

打着为它好的名义，让它待在安静的房间。
无精打采

然后，它的叫声变得十分激烈……
嘎
咕

回到客厅后，它就不叫了。它好像更喜欢可以看到家人面孔的地方。

准备

鸟笼应该放在哪里

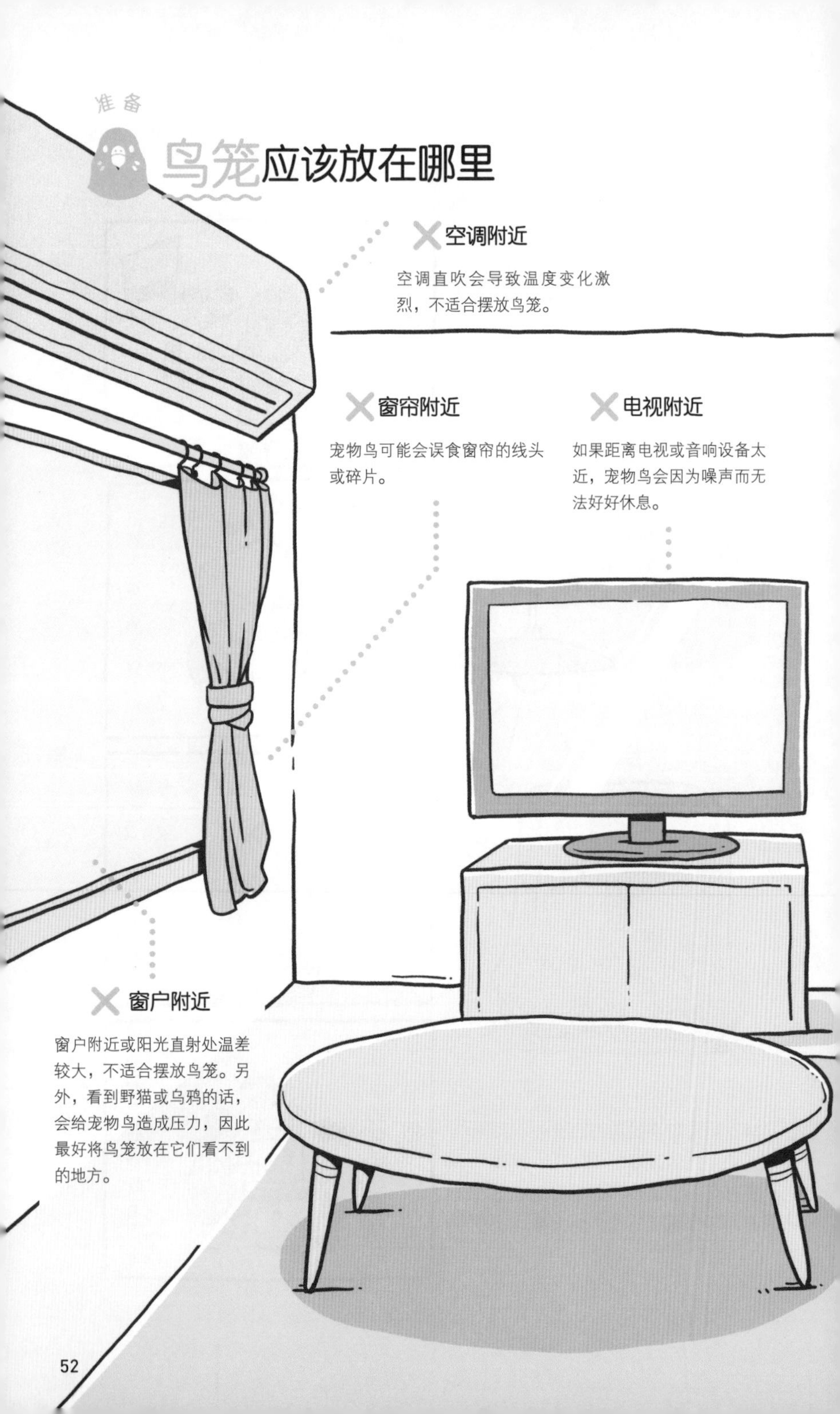

× 空调附近
空调直吹会导致温度变化激烈，不适合摆放鸟笼。
× 窗帘附近
宠物鸟可能会误食窗帘的线头或碎片。
× 电视附近
如果距离电视或音响设备太近，宠物鸟会因为噪声而无法好好休息。
× 窗户附近
窗户附近或阳光直射处温差较大，不适合摆放鸟笼。另外，看到野猫或乌鸦的话，会给宠物鸟造成压力，因此最好将鸟笼放在它们看不到的地方。

关键在于该场所是否安全

摆放鸟笼的地方，最需要注意的是以下两点。

●是否不易发生事故。

●是否不会危害宠物鸟的健康。

不要将鸟笼摆放在误食后会中毒的物品附近或温差较大的窗户、进出口附近，请找出让宠物鸟可以安心生活、不会感到压力的地方。

如果鸟笼的任意一面靠着墙壁，宠物鸟更容易安静下来！

你找的地方不错哦！
× 门口附近
进出口附近人来人往，宠物鸟很难安静下来。加之，温差较大，不适合摆放鸟笼。
○ 低矮的架子上
避免将鸟笼直接放在地板上，鸟笼的高度最好与人稍微弯腰时的视线平齐。为了防止地震时鸟笼掉落，最好能采取相应的预防措施。

准备

带回家中第一周的照料方法（以幼鸟为例）

第一天最好不要打扰它，安静关注就好

迎接宠物鸟回家的当天，它可能会因为陌生的环境而感到紧张。接到爱鸟后请直接回家，并马上将其放入鸟笼，让它休息。

我十分理解家里添了新成员的兴奋之情，但请尽力克制，第一天尽量不要触摸宠物鸟。喂食后，就不要过分打扰它了。

带回家后2～3天，宠物鸟会逐渐适应新环境。请效仿宠物商店店员或繁育者的方法，尝试与它肢体接触。

1 day

迎接

迎接时需要带的物品

- 外出笼＋罩布
- 暖手宝
- 谷穗等零食
- 铺在外出笼底的纸巾或报纸

最佳迎接时间——上午

上午是最佳的迎接时间。早些将宠物鸟接回家，能够让它在最为紧张的第一天，多一些时间待在新环境中。另外，还有一个优点，如果下午宠物鸟的身体出现不适，可以及时将其带到宠物医院就医。

保持和从前一样的室温、湿度

环境的变化可能会导致宠物鸟身体不适。为宠物鸟营造与之前一样的环境。

喂食、喂水

在将宠物鸟向家中转移的过程中，原则上不会喂食任何东西，因此到家后先喂它一些饲料和水。接回家的第一天一定要为它测量体重，可以趁着从外出笼转移到鸟笼时测量。

第一天只须安静观望

在宠物鸟尚未适应环境时与它进行肢体接触，反而会给它带来压力。请主人先忍耐一下，等它适应后再与它互动，陪它玩耍。

选在全家都在时迎接爱鸟

爱鸟到来的日子，是家庭喜添新成员的重要日子！最好全家都来迎接。另外，宠物鸟在第一天很可能因紧张和压力而身体不适，因此需要尽量多的人关注它是否有异状。不过，千万不要全家人围着它大声喧哗。

天黑后给鸟笼盖上罩布

迎接宠物鸟的时候，先问清楚它的睡觉时间，并注意让它在同一时间入睡。注意不要揭开罩布盯着它哦。

从呼唤名字开始

呼唤名字时，声音不可太大，请轻轻地呼唤它。在更换饲料和水的时候，也要同时喊着“吃饭啦”之类的话。

先从短时间开始，将其放出鸟笼

紧张
紧张

观察宠物鸟的状态，如果它们未受到惊吓且状态稳定，可以试着放出鸟笼几分钟。如果宠物鸟不怕人，可以为它测量体重，若体重减少了，就暂时别放它出笼。

放鸟出笼的方法 → p82

确认环境是否安全，再将宠物鸟从鸟笼里放出来！

将宠物鸟带回家后，请尽早带它去医院！

将宠物鸟带回家时，它可能已患有疾病。决定饲养宠物鸟后，就应提前找好可以医治鸟类的医院，尽早对它进行如下几项健康检查！

- ☐ 身体检查
- ☐ 粪便检查
- ☐ 嗉囊检查
- ☐ 传染病检查

4～7 day

尝试每天在固定时间放鸟出笼

4～7天左右，宠物鸟已经适应了新环境。确定一个固定时间段后，如早晨30分钟或傍晚1个小时等，每天坚持在此时间段放鸟出笼。

尝试进行肢体接触

肢体接触的第一步就是，亲手给宠物鸟喂零食，让它对人的手或主人产生“给我好吃的东西”的印象。

适应环境的时间存在个体差异，因此请不要着急。

适应新环境后，让宠物鸟接触更多的人

如果一直由特定的人负责照料、接触宠物鸟，宠物鸟以后可能会怕生，或陷入“只认一个主人”（见p117）的状态。为了防止这种情况的发生，可以与家人分担照料宠物鸟的工作。条件允许的话，多让宠物鸟见一见家人之外的人。与更多的人接触，可以帮宠物鸟完成社会化训练。

BIRDSTORY'S STORY

与“香蕉”的缘分

我和我家白化虎皮鹦鹉『香蕉』相遇在宠物商店。
我记得它当时还是一只需要手喂的雏鸟，大大的鸟笼里就剩下它孤零零的一只，这一幕触动了我，让我下定决心买下它。

虽然我曾经养过虎皮鹦鹉，

但是查阅书上和网上的饲养方法后，我才发现不懂的地方还有很多。

我向宠物医院的医生请教，还跑去看相关的演讲，学到了很多宠物鸟的知识。

直到现在，我的爱鸟从未生过大病，整天活力无限地飞来飞去。

它还会与我对话，我问它：『什么时候开始啊？』它会回答：『现在啊。』

它的存在，让我每天都过得十分开心。

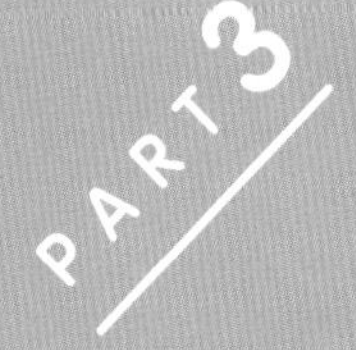

日常照料

爱鸟每天的饮食、鸟笼的打扫、洗澡或日光浴的方法，再加上修剪趾甲等身体护理等等。

让我们了解一下，与宠物鸟共同生活时不可或缺的日常照料吧。

宠物鸟的日常照料

早上好！
6:00
主人的照料内容
取下鸟笼上盖着的罩布。
我吃饭喽！
7:00
主人的照料内容
测量体重。
添加食水。
清洁鸟笼。

不要扰乱宠物鸟的生活节奏

野生状态下，鸟类一般日出而起，日落而息，活动时间为黎明和黄昏，属于昼行性动物。

宠物鸟也一样，早晨，掀开鸟笼的罩布让它们沐浴阳光，太阳落山时再盖上罩布让它们入眠。规律的生活是保持宠物鸟身体健康的秘诀。如果让鸟儿跟着人类熬夜，会导致它们生物钟紊乱，因此，习惯晚睡的主人要特别留意。

另外，如果喂食的时间和出笼玩耍的时间不固定，宠物鸟也会感到困惑。总之，保持规律的生活，在固定时间对鸟儿进行日常照料。

如果主人白天不在……

如果傍晚无法抽出时间，建议主人可以在早上抽出1个小时放宠物鸟出笼玩耍。

主人的照料内容

- 放出鸟笼，陪鸟儿一起玩耍。

主人的照料内容

- 让它们沐浴阳光。
- 给宠物鸟自行玩耍的时间。

主人的照料内容

- 查看食水的余量并添加饲料和水。
- 确认粪便状态。
- 放鸟出笼。

如果主人白天不在家……

如果因为工作的关系没办法在傍晚时为宠物鸟盖上罩布，可以尝试开着灯出门，并用定时器定时关灯。

主人的照料内容

- 太阳落山后，为鸟笼盖上罩布。

成鸟的营养学

注意维持营养均衡

宠物鸟只能吃到主人提供的鸟粮，即使出现营养失衡的情况，也无法自行补充，因此，宠物鸟的营养管理完全依赖主人。

在各种鸟粮中，滋养丸是一种富含全部鸟儿所需营养的综合营养食品。不过也有宠物主人反映“家中的鸟儿只吃谷物”。如果选择谷物饲料给鸟儿当主食，还需投喂蔬菜和补钙饲料，否则会造成营养失衡。

首先，让我们了解一下鸟类所需的营养元素，努力为它们提供营养均衡的饮食吧！

鸟类所需的营养元素

为了自家爱鸟的健康成长，主人需要掌握与营养相关的知识。

蛋白质

蛋白质不仅是形成肌肉、内脏、羽毛的主要成分，也是激素和酶的组成部分，更是能量的来源。鸟类需要均衡摄取必需氨基酸。

碳水化合物

碳水化合物是活动的能量来源，不过摄入过多的话会以脂肪的形式储存在体内。

维生素、矿物质

两者可以辅助三大营养元素的代谢，但无法在体内生成，因此必须从饲料中摄取。

脂类

脂类不仅是能量的来源，也是形成细胞膜，构成类固醇激素的材料，具有维持大脑机能的作用。必需脂肪酸需要从饲料中摄取，但摄入过多的话会造成肥胖，请多加留意。

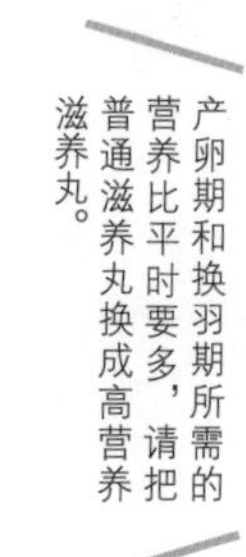

产卵期和换羽期所需的营养比平时要多，请把普通滋养丸换成高营养滋养丸。

野生鸟类的食性

鸟类的食性大致分为四类。

谷食性

主食 谷物和种子类

- 虎皮鹦鹉
- 牡丹鹦鹉
- 玄凤鹦鹉
- 桃脸牡丹鹦鹉

果食性

主食 水果和坚果类

- 多数的亚马孙鹦鹉
- 多数的金刚鹦鹉

我不仅吃水果，也吃谷物哦！

不过，大多数的鸟类都会跨越这四种食性，食用不同种类的食物。

详见鹦鹉图鉴 → p16~31

蜜食性

主食 花粉或花蜜

- 吸蜜鹦鹉

吸蜜鹦鹉指的是隶属于吸蜜鹦鹉亚科的鹦鹉。它们以花蜜和柔软的果实为食，因此舌头前端呈刷状。

杂食鸟

主食 植物、昆虫

- 多数的巴丹鹦鹉类
- 文鸟

巴丹鹦鹉类指的是隶属于鹦形目凤头鹦鹉科中的小葵花凤头鹦鹉、葵花凤头鹦鹉、大白凤头鹦鹉等白凤头鹦鹉以及辉凤头鹦鹉等黑凤头鹦鹉。

每日饮食

宠物鸟的饮食

通过主食、副食和营养补充品的组合，
使鸟儿摄取必需营养元素。

主食

以种子粮（谷物饲料）或滋养丸为主食。

种子粮 → p66 滋养丸 → p68

零食与营养补充品

将零食作为奖励，用营养补充品来补充营养。

详见 → p70

副食

副食旨在补充缺乏的营养。指的是蔬菜或钙粉。

详见 → p70

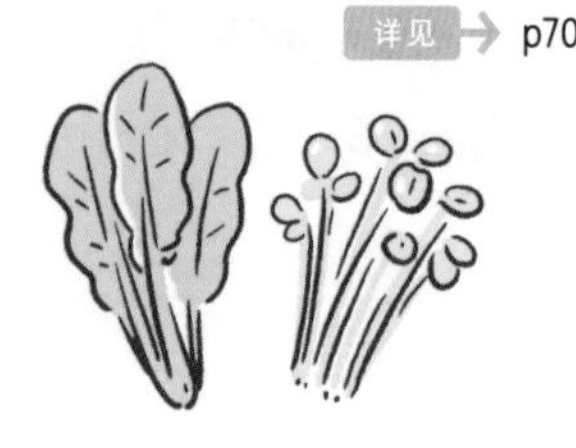

以种子粮或滋养丸为主食

种子粮或滋养丸适合作为宠物鸟每天的主食，再辅以副食和营养补充品等来补充缺乏的营养。

在了解宠物鸟需要什么饲料以后，下一步就是饲料的投喂方式。

进食时间需固定，可以每天早晚各一次。不要续添，吃剩下的饲料要全部丢掉，换上新的饲料。种子粮或滋养丸很容易变质，炎热的季节还可能滋生虫子。请将其放入密闭的容器内，置于阴凉处存放。

另外，在添加饲料时请将水也一起更换，这样比较干净卫生。

一天的食量

鸟类一天的标准食量约为体重的10%，具体食量则会随鸟种和成长阶段而有所不同。称量一下自家宠物鸟每天吃掉多少克饲料，再向兽医咨询它的最佳食量，这样会更让人放心。

根据体重进行调整

每天测量体重，确认饲料分量是否过量或不足。产卵期和换羽期(→p124)体重会出现增减，请根据体重的变化调整饲料分量。

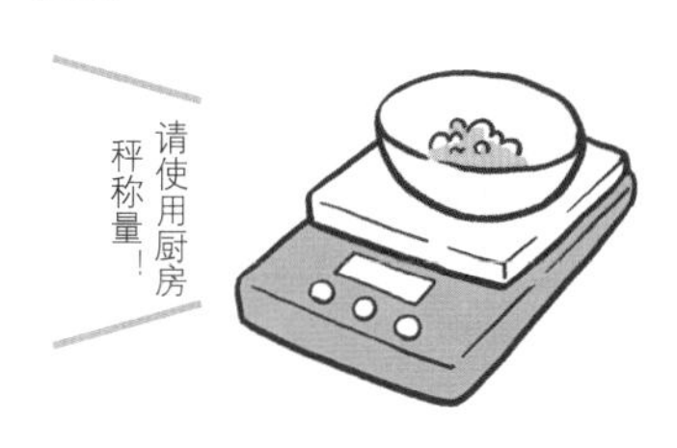

请使用厨房秤称量！

关于饮水量

饮水量无须管控，让鹦鹉自行饮用即可。不过如果非换羽期或发情期，饮水量突然增多，则可能患上了糖尿病或肾病。请记录饮水量增多的时间并咨询兽医。

一起减肥吧！

吃零食喽！

咀嚼
咀嚼
看它吃得这么开心，我也馋了。

结果……
圆滚滚

不好意思呀，一起减肥吧！
一定要控制好爱鸟的体重哦！

饮食

如果以种子粮为主食

注意营养不足或热量过剩

种子粮是鸟类最普遍的主食。选择种子粮要注意以下两点。

●包含很多品种的混合种子粮。

●带壳的种子粮。

之所以选用混合种子粮，是因为如果只投喂稗子或小米等少数几类种子，会造成鸟儿的营养失衡。而选用带壳的种子粮，则是因为它比去壳种子的营养价值更高，而且剥壳的过程对于鸟类而言也是一种乐趣。

这是因为种子粮好吃啊。
我最喜欢加纳利子啦！

投喂种子粮时

投喂种子粮时，一直要遵守下列两点注意事项。
如果无法遵守，可能会造成宠物鸟营养不良。

确认宠物鸟是否挑食

即使投喂混合种子粮，也无法保证宠物鸟每种都吃。有些鸟儿只挑其中的加纳利子等嗜口性好的种子食用。这样就会造成营养失衡，因此在更换饲料时，要确认宠物鸟是否挑食。

同时投喂副食

即使宠物鸟每餐都均衡地吃掉所有种子，也会出现营养失衡的状况，它们一定会缺乏维生素和矿物质。所以，若是以种子粮为主食，必须辅以黄绿色蔬菜、补钙饲料、营养补充品等，用于补充维生素和矿物质。

基本的种子粮

稗子、小米、黍子

低热量、低蛋白质。请选择带壳的种子粮。黍子的颗粒较大不易消化，因此若是肠胃虚弱的宠物鸟，应为其选择不含黍子的混合种子粮。

混合种子粮

混合种子粮指的是混合了稗子、小米、黍子、加纳利子等各类种子的饲料。选择包含本页列举的基本种子粮的混合饲料即可。

加纳利子

与上述三种饲料相比，加纳利子的蛋白质含量较高，还有微量的脂类。很多宠物鸟偏好加纳利子，因此要检查一下它们是否只吃掉了加纳利子。

关于零食

葵花籽、麻籽

高热量、高蛋白质。脂类含量高，摄入过多会导致肥胖。仅可作为偶尔的零食食用。

亚麻籽

含有大量的必需脂肪酸——α-亚麻酸，有益于身体健康。不过，其脂类含量较多，不可摄入过多。

燕麦、荞麦

低热量，含有大量的蛋白质。柔软易消化，因此适合胃肠不适时食用。

如果以滋养丸为主食

最佳饲料：综合营养食品滋养丸

滋养丸是包含鸟类所需的所有营养元素的综合营养食品。因此，相对种子粮而言，滋养丸是更加理想的主食。不过，如果宠物鸟以前一直以种子粮为食，可能不肯吃滋养丸。饲主可以分别投喂滋养丸和种子粮，等宠物鸟愿意吃滋养丸后，再逐渐减少种子粮的投喂量。对于那些对滋养丸实在不感兴趣的宠物鸟，饲主可以尝试将滋养丸磨碎掺在种子粮内，让它逐渐适应滋养丸的味道。

滋养丸的种类丰富，有小型鹦鹉、大型鹦鹉、雀鸟专用等不同类型。各种滋养丸的颜色和口感也不同，请主人耐心一些，为爱鸟找到适合它的滋养丸。

由种子粮更换为滋养丸

更换时千万不要操之过急！
更换期间要测量体重以确认宠物鸟的进食状况。

要有耐心！

虽然有些宠物鸟十分固执，坚决不吃滋养丸，但也不要放弃，可以更换品种不断尝试哦。

不要急于更换！

鸟类有明显的饮食偏好，如果急于更换会令它们拒绝进食。请不断确认滋养丸的食用状况，循序渐进地替换。

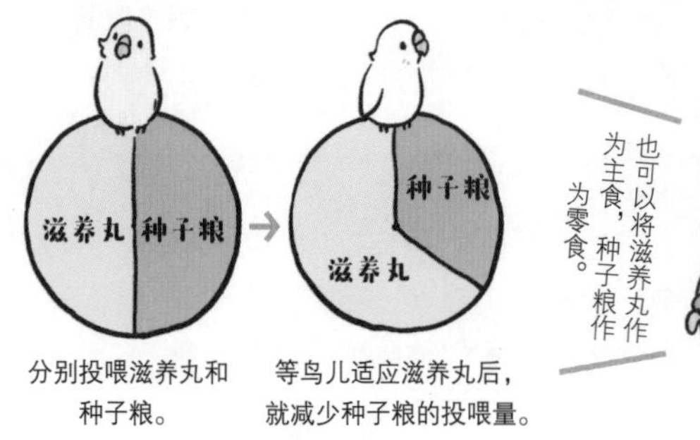

分别投喂滋养丸和种子粮。

等鸟儿适应滋养丸后，就减少种子粮的投喂量。

也可以将滋养丸作为主食，种子粮作为零食。

滋养丸的种类

颜色

从种子粮更换为滋养丸时，宠物鸟可能会因为对五颜六色的彩色滋养丸感兴趣而尝试食用。不过这种类型的滋养丸容易导致粪便染色，因此建议最终还是要换为无色素的天然滋养丸。

我喜欢彩色哦。

我喜欢天然的滋养丸！

体形

中大型鹦鹉和鸟喙较大或喜欢啃咬东西的宠物鸟可以选择有嚼头的大颗粒滋养丸。小型鹦鹉或不喜欢啃咬的宠物鸟宜选择容易食用的小颗粒滋养丸。

根据身体状况选择

咨询兽医，给宠物鸟投喂适合其身体状况的滋养丸。

高热量型滋养丸

高蛋白质、高脂肪。适合换羽期和发情期等需要能量的时期。

我喜欢小颗粒滋养丸。

减肥型滋养丸

低脂肪。适合有肥胖倾向的宠物鸟。

预防治疗型滋养丸

根据各种疾病所需的营养调配而成（需要兽医的处方）。

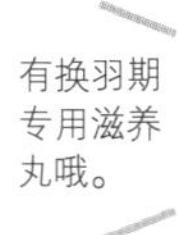

有换羽期专用滋养丸哦。

滋养丸种类繁多，即使一种滋养丸试吃后效果不佳，也请多多尝试寻找其他适合自家爱鸟食用的类型。

副食和零食的投喂方式

通过黄绿色蔬菜补充营养

如果鸟儿仅以种子粮为主食，容易造成营养缺乏，因此必须再投喂蔬菜和补钙饲料。

鸟类通过食用蔬菜来补充维生素和矿物质。最适合的是黄绿色蔬菜，尤其推荐小松菜和油菜。通过投喂海螵蛸粉（墨鱼骨烘干后加工而成的粉末）和贝壳粉（牡蛎壳烘烤研碎后的粉末）可以补充缺乏的钙质。

即使鸟儿以滋养丸为主食，也需要投喂蔬菜。因为鹦鹉在啃咬的过程中可以获得进食的乐趣。不过，以滋养丸为主食的鹦鹉，无须再投喂补钙饲料。

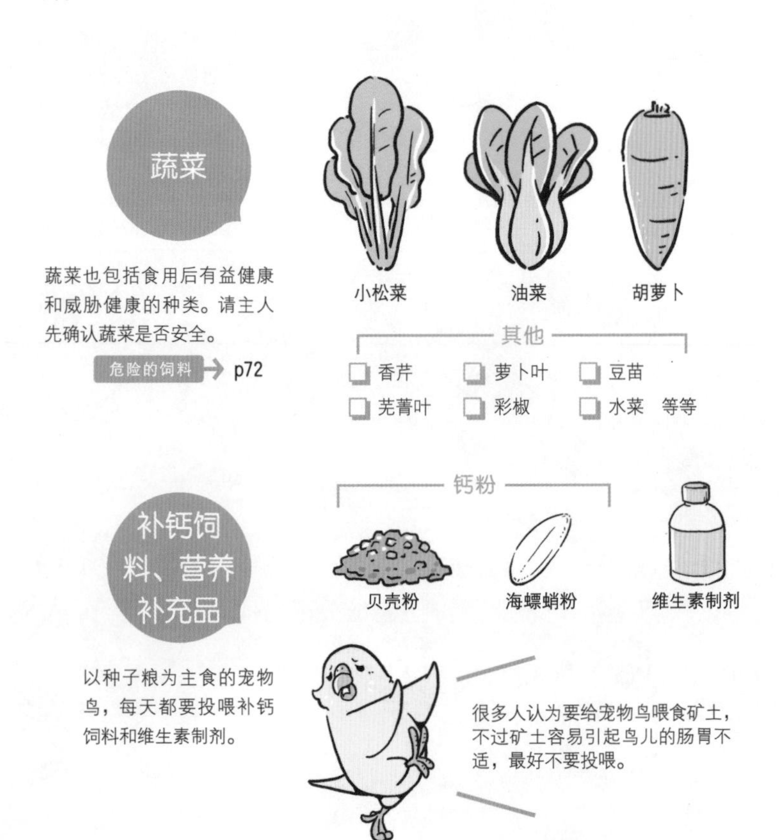

蔬菜
蔬菜也包括食用后有益健康和威胁健康的种类。请主人先确认蔬菜是否安全。
危险的饲料 → p72
小松菜
油菜
胡萝卜
其他
香芹
萝卜叶
豆苗
芜菁叶
彩椒
水菜　等等
补钙饲料、营养补充品
以种子粮为主食的宠物鸟，每天都要投喂补钙饲料和维生素制剂。
钙粉
贝壳粉
海螵蛸粉
维生素制剂
很多人认为要给宠物鸟喂食矿土，不过矿土容易引起鸟儿的肠胃不适，最好不要投喂。

请把零食用在“特殊时刻”

我的观点是，零食并非不能投喂，而是需要将它们作为人鸟交流的手段。如果零食投喂太过频繁，鸟儿很快就会变成“肥鸟”。零食的特殊性也会逐渐减弱。请有效利用零食，把它当作关键时刻的奖励。

投喂零食的时机

例如，平时不愿意回笼的宠物鸟很干脆地回去了，或是主人喊“过来”时它乖乖地过来了，这时，就可以将零食作为“奖励”投喂给它。

- 互动时的环节。
- 训练时的奖励。
- 生病时补充体力。

平时投喂种子粮的时候，尽量用“真棒”之类的话夸奖宠物鸟，在获得称赞的喜悦之情影响下，普通的主食也能被它当成好吃的零食哦。

水果、干果

糖分和水分含量较高，因此并不适合被当作零食，投喂时建议只给一小块。

谷穗

宠物鸟可以自己从谷穗上啄食，比平时的主食吃起来更有乐趣。注意避免过量投食，以免营养失衡。

把零食计入每天的食量中！

与野生鸟类相比，宠物鸟的运动量不足，很容易发胖，因此投喂零食后也要相应地减少主食的投喂量。

向日葵、麻籽

高热量、高脂类饲料，仅限于特殊时刻少量投喂。

零食型种子粮

市场上还出售一种用糖浆凝结的种子粮。这种饲料的嗜口性好，高热量，因此请将其作为特殊的零食使用。

对鸟类而言危险的食物

饮食

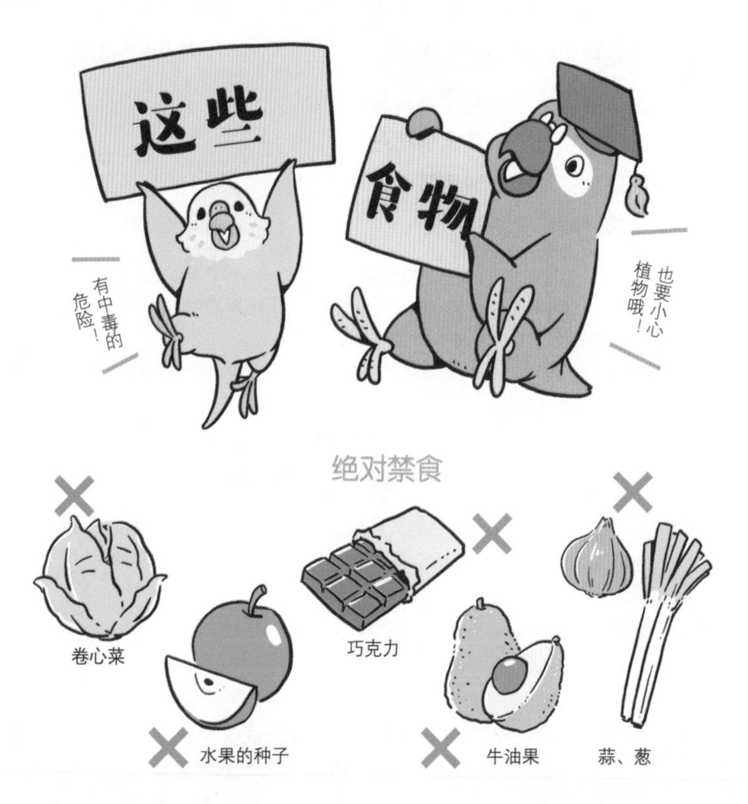

有些食物不利于健康

宠物鸟如果误食了上述“绝对禁食”的食物，可能导致中毒，甚至有致死的危险。如果将这些食物放在房间内，可能会被宠物鸟误食并引发意外，请主人多加留意。

而“尽量避免投喂”的食物虽然并不会导致宠物鸟中毒，但长期食用会对鸟儿的身体造成不良影响。而且，这些食物并不含有需要特意摄取的营养成分，因此最好不要投喂。

除了以上列举的食物外，我们投喂给鸟儿其他食物前也要先确认安全性。如果宠物鸟不小心误食了危险食物，请马上联络兽医，咨询对方的意见，并将它送往医院。

其他

- 菠菜（不可每天食用）
- 西蓝花的花球
- 花椰菜

也要小心观叶植物！

宠物鸟如果误食了一些植物，也可能导致死亡。让主人了解所有的危险植物是不现实的，为了防止宠物鸟误食，请不要在它能接触到的地方摆放安全性不明的植物。如果一些植物实在没法挪动，可以考虑用布盖住等方法来避免鸟儿与其接触。

- 孤挺花
- 杜鹃花
- 铃兰
- 郁金香
- 牵牛花
- 一品红
- 绿萝
- 百合 等

清洁打扫，营造舒适的空间

打扫工作分为每日
必做、每周必做和
每月必做三种哦。

每天打扫鸟笼及周围！

鸟笼内部是宠物鸟每天度过大部分时光的区域。因此，作为主人一定要为它们营造干净的环境。

肮脏的环境可能会导致宠物鸟出现呼吸系统疾病。鸟儿的羽粉、脱落的羽毛以及排泄物很容易污染环境，因此，每天要连同鸟笼周围一同打扫，保持清洁。

需要提前准备的清洁工具

迷你扫把、
簸箕
便于快速清扫鸟笼周围。
口罩
用于防止吸入颗粒细小的粪便。
把笼子打扫
干净吧！
抹布
用于擦拭鸟笼及周边区域。
牙刷
方便清理栅栏缝隙等细小的地方。
消毒剂
请选用宠物专用消毒剂。
铲子
用于除去沾在隔离底网上的粪便。

每日必做的清洁

清洗餐具

食槽和水槽如果不认真清洗，很容易残留污渍，务必仔细清洗。

更换食水

请将每餐吃剩下、喝剩下的食水丢掉，替换成新的。不要续添。

更换铺在鸟笼底部的纸张

每天更换铺在鸟笼底部的纸张。更换时请一并确认排泄物是否存在异常。

每周必做的清洁

清洁底网

请用铲子仔细清理底网上沾着的粪便，鸟笼下面的抽屉内部也请一起擦拭！

每月必做的清洁

拆开鸟笼整体清洗

首先将宠物鸟转移到外出笼之类的地方。将所有的餐具拆下来，并将鸟笼拆开，每个细小的零件都不要放过。

用水清洗所有零件。细小的地方请用牙刷清理！

清洗后用热水消毒，擦干水渍并放在阳光下晒干。没干透的话容易发霉，因此请务必晒干。

为爱鸟安全地洗澡

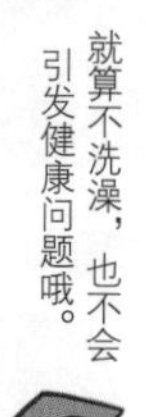

洗澡也是一种游戏

鸟类并非必须洗澡。有些宠物鸟将洗澡当作一种好玩的游戏，有些则完全不感兴趣，还有一些只是偶尔洗一次。如果爱鸟不愿意洗澡，就没必要强迫它们，把它当作“不喜欢洗澡的类型”就好了。

另外，即使平时积极洗澡的宠物鸟，遇到身体不适或者冬季时，也要尽量避免洗澡。

关于宠物鸟洗澡的建议

推荐使用无盖的容器

如果容器带盖，可能会因为宠物鸟无法从中跑出而导致溺水事故。推荐使用无盖的浅容器。

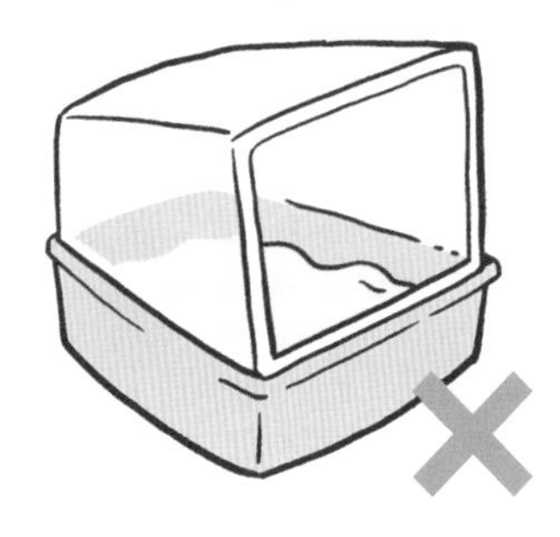

不要用热水

如果用热水洗澡，容易导致覆盖在羽毛上的皮脂溶解，进而影响保暖效果！请务必杜绝热水洗澡。

避免为病鸟或腿脚虚弱无力的宠物鸟洗澡

不要为病鸟或腿脚虚弱无力的宠物鸟洗澡，以免发生意外。即使你家爱鸟很喜欢洗澡，也要尽量避免。

你喜欢洗澡，对吧？

到洗澡时间了！

最开始没有一只过来……
远离
远离

一只开始之后……
扑通

大家争前恐后地洗起来了。
我也要洗！
我也是！

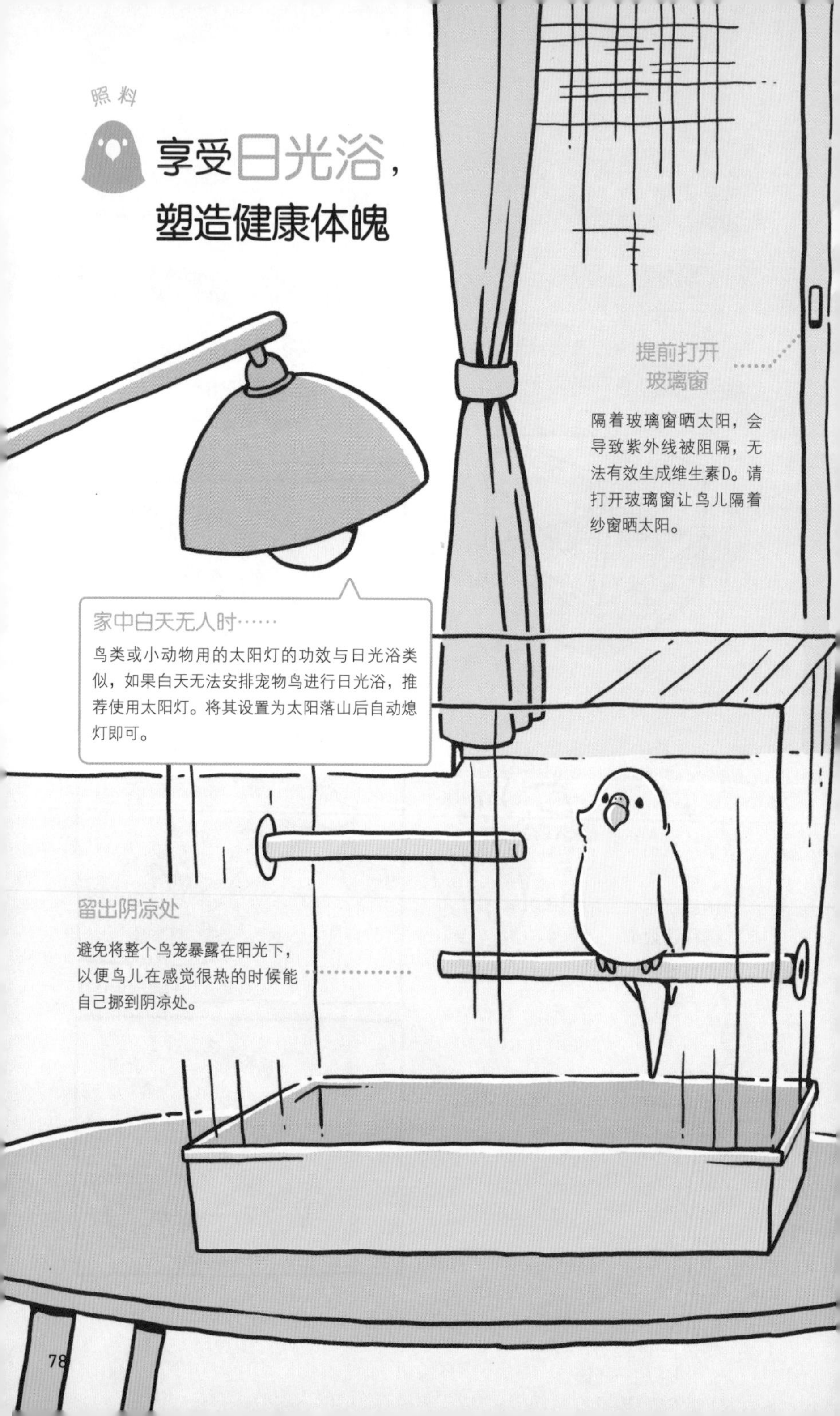

照料

享受日光浴，塑造健康体魄

提前打开玻璃窗

隔着玻璃窗晒太阳，会导致紫外线被阻隔，无法有效生成维生素D。请打开玻璃窗让鸟儿隔着纱窗晒太阳。

家中白天无人时……

鸟类或小动物用的太阳灯的功效与日光浴类似，如果白天无法安排宠物鸟进行日光浴，推荐使用太阳灯。将其设置为太阳落山后自动熄灯即可。

留出阴凉处

避免将整个鸟笼暴露在阳光下，以便鸟儿在感觉很热的时候能自己挪到阴凉处。

日光浴的功效

- 生成促进钙质吸收的维生素 D
- 调整自律神经和激素平衡
- 调节心情
- 促进代谢

为了鹦鹉的健康，日光浴不可或缺。如果主人白天不在家无法让它们晒到太阳，可以选择利用太阳灯。

关注是否有其他动物靠近

视线不可离开，以确认是否有猫或乌鸦等动物靠近鸟笼。

每天晒日光浴，保持健康的体魄

宠物鸟仅从饲料中无法摄取足量的维生素D，日光浴最重要的功效就是可以促使体内维生素D的生成。日光浴一般每天一次，一次30分钟即可，可以隔着纱窗晒日光浴，如果宠物鸟不惧怕外部环境，也可以将鸟笼带到室外。

不过，如果鸟儿身体不适就无须勉强。为了防止感染禽流感，如果附近有野鸟时，也要避免将宠物鸟带到室外进行日光浴。

照料

记录体重和食量

将测量体重作为日常照料中的重要一环

体重的骤减可能是身体中隐藏的疾病导致的。对于体形较小的鸟类而言，不能忽视哪怕几克的体重变化。假设某种鸟的体重为50g，那么5g就相当于人类的5kg。这样想来，仅仅5g的变化就十分惊人了。

主人可以通过触摸或测量体重的方式判断鸟类的体形，不过通过触摸方式做出的判断并不准确，因此请在每天早上进食前就为宠物鸟称重吧。

另外，提前做好食量、饮水量和异常情况的记录，方便医生诊断。

鸟类会习惯性地惧怕陌生事物。如果宠物鸟害怕体重秤，可以先让它站在栖木上或放入塑料盒内测量。

POINT
标准体重(→p16~33)存在个体差异，具体请咨询兽医。推荐使用精度在1g的电子秤。

健康状态下的记录可以作为判断标准哦！

发现异常状况，哪怕是轻微异常也需要记录下来。何时开始食欲减退、粪便的变化情况等信息都有助于疾病的诊疗。

日常照料记录单 → p190

月/日	体重	食量	饮水量	异常状况
4/1				
4/2				
4/3				
4/4				

"体重"每天都需要记录。当体重有所增减时，请将"食量"记录下来。"饮水量"和"异常状况"有变化时随时记录即可。

① 体重

进食前后和排泄前后体重会发生变化。推荐在早上进食前称量体重，如果这段时间不方便，请改为其他时间，不过每天的测量时间要一致。

② 食量

如果早晨投喂的是固定分量的带壳谷物饲料，更换时吹走壳并称量剩下的分量，将其从每天固定添加的分量中减去后，即可得出鸟儿每天的食量。

③ 饮水量

如果饮水量稳定则无须每天称量。如果饮水量激增或尿液较多时需要称量。从清晨给的水量中减去换水时剩下的水量，就可得出饮水量。

④ 异常状况

雌鸟在换羽期不爱活动，开始发情、产卵等，雄鸟则会出现反刍、蹭屁股等行为，总之，发现异常后及时记录下来。

照料

保证出笼玩耍时的安全

放鸟出笼时的注意事项

遵守下列 1 ～ 5 的注意事项，
让宠物鸟享受舒适、安全的出笼时光。

1 不要敞着门窗

放鸟出笼前要确认门窗是否关好，尤其要特别注意窗户，如果爱鸟从敞开的窗户跑出去可就大事不妙了。逗鸟前还需知会一下家人。另外，为了防止爱鸟撞到窗户，不要忘记拉上窗帘。

2 质量比时长更重要

放鸟出笼的重点不仅仅是保证安全，因为这是一段难得的陪伴爱鸟玩耍的时间，所以请勿三心二意。只要主人敞开心扉，认真地陪伴爱鸟玩耍，它们就会很开心。

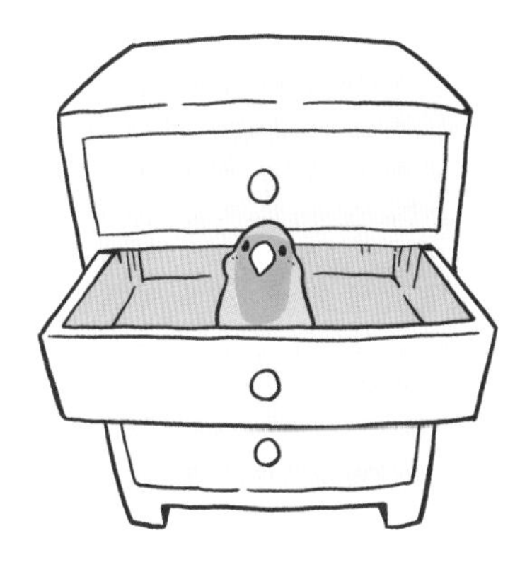

3 塞住所有缝隙

鸟类会将狭窄的空间当作巢穴，并诱发其发情。因此请将抽屉以及可以容纳鸟类进入的柜子缝隙等处全部塞好后，再放鸟出笼。

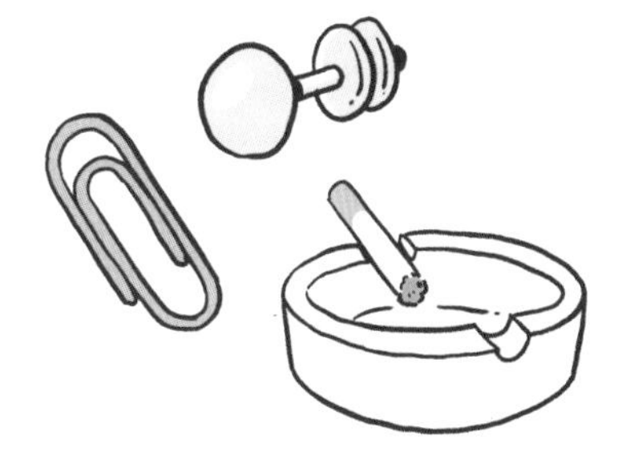

4 清理危险物品

放鸟出笼前，请将夹子和耳钉等容易被宠物鸟误食的物品以及香烟等可能导致中毒的物品收好。鸟类的误食事故都是主人随意摆放物品导致的。

5 缓解运动量不足

运动量不足是宠物鸟的通病。为了缓解运动量不足的现象，请把出笼玩耍当作一项日常活动。在房间中摆放栖木和玩具，为爱鸟提供舒适度的休闲区域。

出笼玩耍是鸟类的乐趣之一

希望主人每天都放宠物鸟们出笼玩耍，一旦确定好时间后，如早晨30分钟或傍晚1小时等，就尽量按照固定时间放鸟出笼。

如果因工作等原因傍晚不在家，主人可以配合自己的生活节奏，将其改成早晨的出笼1小时等。还有很关键的一点，如果家人在家，要提前知会一下“我要把鸟放出笼了”，让他们在此期间不要开门。

照料

剪趾甲的方法

不要强行剪趾甲

虽然主人们都希望爱鸟能适应在家剪趾甲，不过有的宠物鸟却极度不配合。

强行抓住它们剪趾甲会使爱鸟与主人之间的关系恶化，得不偿失。如果宠物鸟不配合，建议及时放弃，寻求兽医的帮助。

避免给爱鸟造成心理创伤！

我们绝不能让主人的手变成爱鸟的心理阴影。如果给爱鸟留下“手＝讨厌之物”的印象，就要花费大量的精力重建关系。主人可以通过剪趾甲后投喂零食等方式，设法让它们对主人的手留下好印象。

剪趾甲的注意事项

不可用力过猛，亦不可过于温柔放任其挣扎。
关键是斟酌力度让它习惯。

如果爱鸟害怕，请及时放弃

“我家鸟儿的胆子特别小”，胆小的鸟儿在剪趾甲时，可能会因为恐惧而将主人的手视为敌人。此时，请及时放弃，寻求宠物医院的帮助。

抗拒时就不要勉强

如果宠物鸟挣扎着不愿意剪，以后再找机会。如果一味固执坚持，反而会让宠物鸟讨厌主人，因此不如改日再挑战吧！

准备好止血剂

剪趾甲时可能会误剪到血管，因此一定要备好止血剂。市面上出售的猫狗用的止血粉即可。如果有出血现象，就将止血粉按在出血部位1～2分钟。若一段时间后仍流血不止，请尽快前往宠物医院。

出血 → p183

为小型、中型鹦鹉和文鸟剪趾甲

工具

推荐使用工具钳或小型动物用的趾甲钳，剪去趾甲前端较细的部分即可，注意不要剪到血管。

剪切位置

血管外侧2～3mm处

用拇指和无名指握住趾甲

动作迅速，注意不要弄伤爱鸟。如果没办法在一天之内剪掉所有趾甲，可以改日再继续剪。

为大型鹦鹉剪趾甲

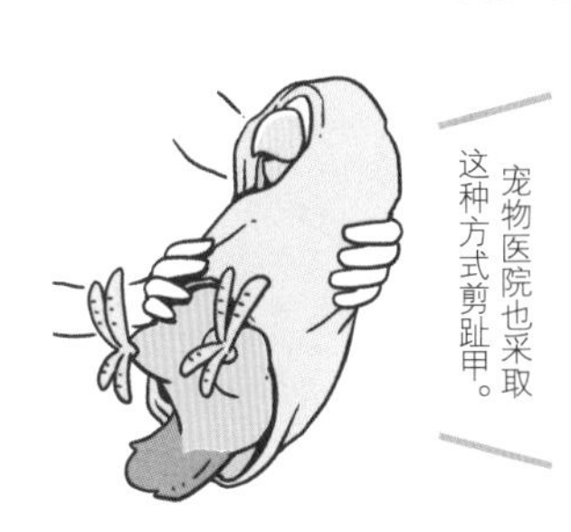

宠物医院也采取这种方式剪趾甲。

固定后再剪趾甲

两人一组进行，其中一人负责按住宠物鸟。关键是用毛巾将宠物鸟的脸遮起来，不要让它看到剪趾甲的人。

趁着鹦鹉站在栖木上时剪趾甲

让大型鹦鹉适应非固定状态下剪趾甲也是一项重要的训练。请趁着它们站在栖木上时迅速剪掉。剪完趾甲后请适当给予奖励。

BIRDSTORY'S STORY

小心爱鸟逃跑

投稿
虎皮鹦鹉：小酷

盛夏的一天，我在宠物鸟出笼玩耍时打开了窗户，不小心让虎皮鹦鹉小酷飞走了……
我赶紧戴上遮阳帽，带着小酷很喜欢的铃铛和口哨出门找它。

我顾不上不好意思，摇晃着铃铛，吹着口哨到处寻找。

哔
哔
叮铃铃
叮铃铃
叮铃铃

忽然，小酷对口哨声有了反应，叫了一声。
哔
找到了！

在我想接近它时，小酷看到与平时的装扮不同的我，露出了警惕。

我赶紧摘下帽子，恢复了平时的装扮，总算抓住它了！然后把它安全带回家，直到今天。

我居然在逗鸟的时候把窗户打开了，实在是太不应该了，我已深刻地自我反省了。大家也要小心哦……

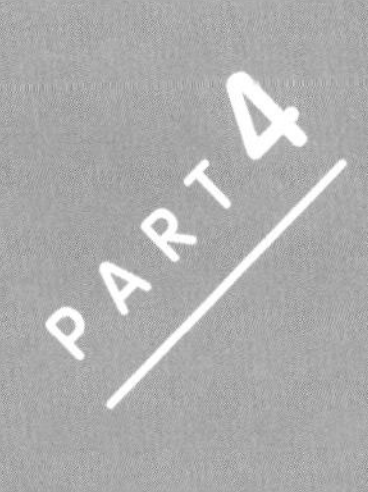

陪着鹦鹉玩耍

和它聊天，陪它玩耍，总之，相互陪伴，其乐无穷!

主人与宠物鸟的交流越多，关系就会越亲密哦。

玩耍

上手训练的要点

上手训练可以作为交流的手段

从在手上进食到躺在手上打滚，上手训练可以迅速拉近鹦鹉与主人之间的距离。另外，主人与鹦鹉不只通过玩具玩耍，也可以直接接触玩耍，丰富了游戏互动的形式(→p98~101)。

可以方便每日健康检查

上手训练可以触摸鹦鹉的全身，便于主人为爱鸟做彻底的健康检查。一旦在治疗或护理中需要固定身体时，如果鹦鹉提前习惯了人手，就不会对它们造成心理压力。

有些不习惯人手、不亲人的“凶鸟”可能需要更多的时间训练。切忌操之过急。

让你们的关系更加亲密吧

鹦鹉的幸福来自于与主人之间的交流。如果上手训练成功，可以拓宽交流渠道，构建更加紧密的关系。

请根据右页的步骤，让鹦鹉逐渐习惯人手。不要因训练进展不顺而焦虑，以免紧张的情绪影响到鹦鹉。注意配合鹦鹉的节奏，一步一步慢慢来。

上手训练 STEP 1、2、3

让鹦鹉记住"手并不可怕"。
在鹦鹉适应人手前，请主人抽出时间耐心地训练吧！

1 拉紧与鹦鹉之间的关系，确保靠近后不会逃走

突然用手抓住鹦鹉的方式并不可取，因为会引起它的戒备。先从缩短与鹦鹉之间的距离开始，在出笼玩耍等鹦鹉比较放松的时候悄悄地靠近它。尝试用呼唤名字等方式与它搭话，让鹦鹉适应主人的靠近。

零食大作战

建议用鹦鹉喜欢的零食对它进行引导。通过反复强化"吃完点心后才发现自己站在了主人手上"的记忆，让鹦鹉适应人手。

2 轻轻地伸出食指

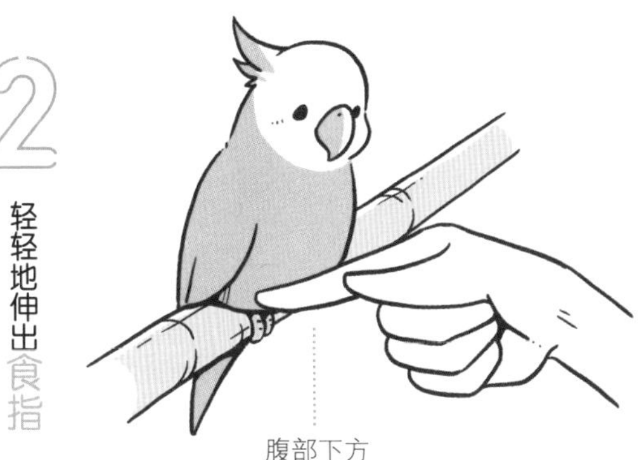

主人可以一边说出"上来""过来"等词语，一边伸出食指，将其放在鹦鹉的腹部下方，以方便鹦鹉落脚。然后一动不动地静静等待。最重要的就是让鹦鹉自发产生"我想站在手指上"的意愿。

3 单脚站立即为成功

当鹦鹉单脚站在手指上时，即可视为上手训练成功。等到两脚站立后还需确认它是否有害怕情绪。让鹦鹉从手上下来时也要配合"下来"的口令。重复以上步骤，鹦鹉就能学会上手了。

有些鸟不喜欢站在手指或肩上，而是喜欢站在头上……

有些宠物鸟会"反客为主"，认为"自己比较伟大"，因此要注意不要让鹦鹉站在高于主人视线的位置。

通过说话互动

宠物鸟为什么要说话呢?

虽然有些宠物鸟语言天赋有限，但也有交流的欲望。主人可以试着模仿鹦鹉的叫声哦。

我想引起关注。

有些鹦鹉虽然不会模仿说话，但可以模仿声响。它们最大的乐趣就是模仿家电的声音，引起主人的注意。

我超喜欢我的主人，我想模仿他的声音。

非洲灰鹦鹉等大型鹦鹉很有语言天赋。有些鹦鹉可以记住很多词句，还能根据场合选择词句与主人对话。

练习说话

鹦鹉之所以模仿主人的声音，是想通过相同的语言与主人对话，以达到沟通交流的目的。主人的正确教导，能提高鹦鹉的说话能力。

不过，不同品种的鹦鹉语言天赋不同。一般大型鹦鹉和雄性虎皮鹦鹉更擅长说话，而玄凤鹦鹉擅长唱歌，桃脸牡丹鹦鹉等不擅长模仿声音。不过其中必然存在性格差异和个体差异。

请以期待而不强求的心态，愉快地与鹦鹉练习说话，将其作为与爱鸟互动的一个环节。

目标：培养健谈的鹦鹉

为了培养健谈的鹦鹉，请主人根据不同的场景带着感情地与鹦鹉搭话，如早晨对它讲“早上好”，睡前说“晚安”，离家时说“路上小心”，回家时说“欢迎回家”。

* 因为这些话都是主人希望鹦鹉记住（或说出来）的，因此不要说“我出门了”或“我回来了”。

语言记忆很难修正

对鹦鹉而言，人类带着感情脱口而出的脏话和用来抒发愤怒情绪的词句更容易被记住。语言一旦记住就很难修正，因此在鹦鹉面前，要避免讲一些不希望它们使用的词汇。

\ 投稿 /

上当了

红领绿鹦鹉：小林

玩耍

与爱鸟肢体接触的方法

宠物鸟十分害怕寂寞

野生状态下的鸟类是群居动物，对它们而言，肢体接触是司空见惯的事情。它们最不喜欢的就是孤独。

不过，如果只养一只宠物鸟，它肢体接触的对象只有主人，而主人却没办法整天陪着它……它会因此深感寂寞。为了弥补爱鸟，主人与它同处一个空间时要积极地与它进行亲密接触。

隔着鸟笼

亲手投喂零食

如果隔着鸟笼投喂，即使是惧怕人手的宠物鸟，也可能愿意吃掉零食。只要多重复几次，就会消除它对人手的恐惧之心，也就完成了上手训练的第一步。

准备鹦鹉喜欢的玩具

将鹦鹉喜欢的玩具拿给它看，如果鹦鹉感兴趣，就将其放入鸟笼内。让鹦鹉感受到“待在鸟笼内也很好玩”。

与它说话

语言也是一种亲密接触。即使身在其他房间，也要随时与它说话。如果人类之间聊得热火朝天，容易让宠物鸟产生被疏远的感觉，因此主人需格外留意。

出笼玩耍时

肢体接触的第一步——顺毛

主人的顺毛相当于鸟类之间的理毛。鹦鹉会通过理毛表达对对方的喜爱。主人为鹦鹉顺毛也可以拉近彼此的关系。

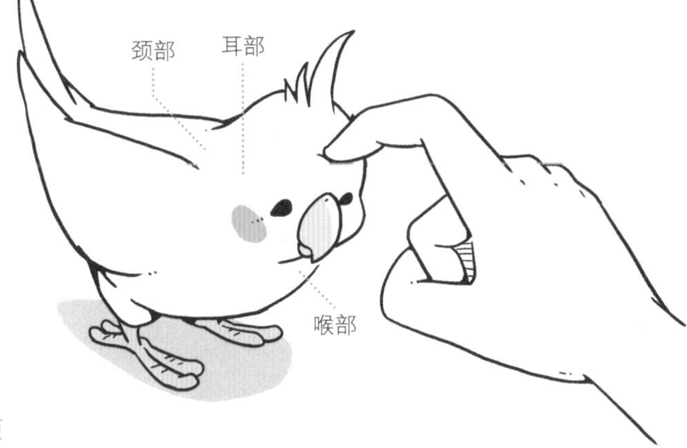

顺毛的要点

鹦鹉喜欢被抚摸的部位是耳部、颈部和喉部。温柔地抚摸它们，让它们看起来睡眼蒙眬、心情愉悦。不要接触屁股、尾巴、翅膀等敏感部位。

陪宠物鸟玩耍时的 3 个要点

宠物鸟最喜欢好玩的事情了！
主人陪伴爱鸟玩耍，可以让它更加快乐！

详见 → p98~101

如果宠物鸟在玩耍时上下晃头，说明它们玩得正尽兴。

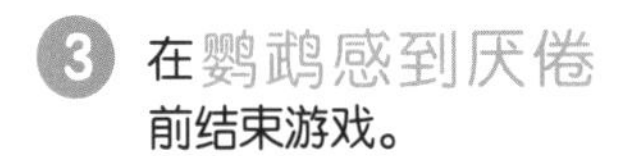

为了让鹦鹉对下一次的玩耍抱有期待，请在爱鸟玩得尽兴时适时结束。

陪爱鸟一起玩耍

鹦鹉喜欢什么材质的玩具？

不同的鹦鹉喜欢不同材质的玩具。
玩耍时请多加留意，避免鹦鹉吞下玩具的碎片。

纸张

用鸟喙将纸巾或报纸撕着玩。

木材

指的是牙签、一次性筷子、软木塞等可以咬着玩的东西。请将这些物品消毒后再交给鹦鹉。

塑料

指的是塑料瓶的瓶盖、吸管等可以供鸟儿啃咬、打洞或是站在上面玩耍的物品。

布料

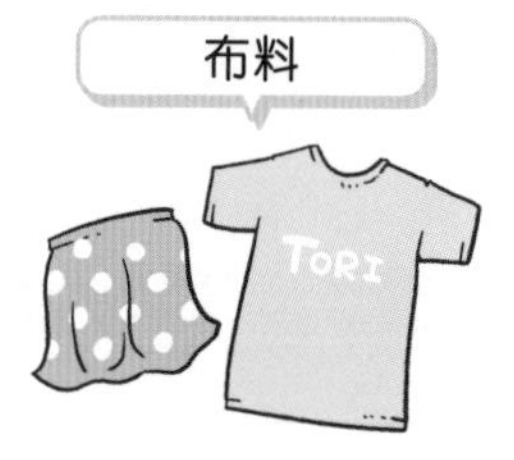

皮革、棉布和牛仔可以用来咬着玩。有些鹦鹉可能对主人的旧衣服更感兴趣。注意拆掉装饰纽扣等小零件。

爱鸟中意的玩具，可能诱发其发情

如果爱鸟贪恋一件中意的玩具，可能因此诱发其发情。找到鹦鹉喜欢的玩具固然重要，不过为爱鸟提供多件而非单独一件玩具，让它们轮换着玩也很重要。

其他

还推荐可以发出声音的铃铛、可以衔着玩的棉签等。另外，橡胶球踩上去的感觉也很有趣哦。♪

独自玩耍

喜欢破坏

在野生环境中，鹦鹉喜欢啃树皮玩，因此它们钟爱搞破坏。可以为鹦鹉提供不怕弄坏的玩具，让它们最大程度地发挥鸟喙的力量，尽情享受搞破坏的快乐。

消耗型玩具可以自己制作

将爱鸟喜欢的材料组合起来自己制作玩具，更加经济实惠。例如，把绳子穿在纸板上即可做出一件玩具。不过，要小心鹦鹉玩耍时误食。

喜欢能滚动的物品

鹦鹉喜欢用鸟喙和脚反复地滚动、追赶球体玩具。如果在球体中放入铃铛等物品，滚动时就会发出声音，可以提高趣味性。

玩具 × 说话

虎皮鹦鹉：小薄荷

我家爱鸟会一边追着球跑一边念叨着"球球"，或者一边晃着铃铛一边念叨着"叮当"，玩得十分开心。♪

过吊桥

在野生状态下，鹦鹉会在树枝上走来走去。吊桥还原了这种环境。虽然市面上有成品吊桥出售，不过主人也可以动手制作，用绳子将树枝连起来即可完成。

抓握东西

灵活敏捷的大型鹦鹉喜欢用脚爪抓住玩具，挥动玩耍，部分中型和小型鹦鹉也能抓起来，请根据鹦鹉的体形为它们准备玩具。

隧道游戏

将纸箱的一部分挖空做成隧道，供鹦鹉穿过玩耍。不过，部分鹦鹉会误将纸箱当作巢箱，诱发其发情，因此请小心使用。

攀爬

指的是爬楼梯游戏。为了不让鹦鹉太快玩腻，主人可以想办法做一些调整，如逐渐提高楼梯的高度等等。大型鹦鹉可以利用鸟喙和脚爪灵活地爬上椅子或脚架。

挑战觅食游戏！

野生鸟类一天中的大部分时间都用来觅食，而宠物鸟则不同，它们只要将主人提供的饲料吃下去即可。虽然很安逸，但因此也会感到无聊……我们可以为爱鸟提供类似野外觅食的刺激，充实爱鸟一天的生活。

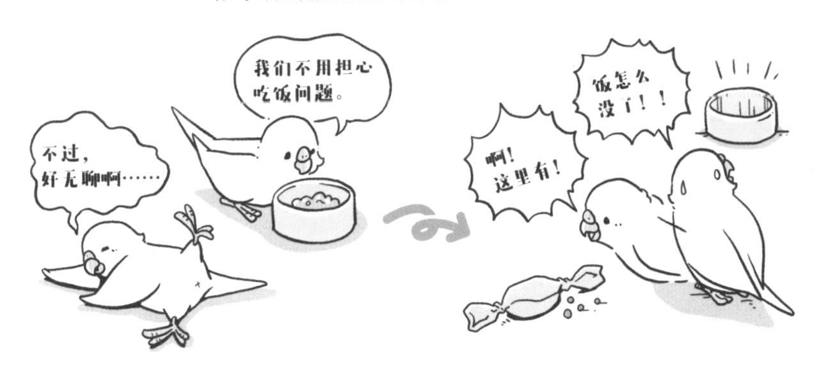
我们不用担心
吃饭问题。
不过，
好无聊啊……
饭怎么
没了！！
啊！
这里有！

觅食游戏的注意事项

❶ 由简入繁，不断升级

先简单用纸将饲料夹住，如果鹦鹉可以打开纸找到饲料，下次就用纸包住后再拿给它们。诀窍就是一点点地提高难度。

❷ 巧用觅食玩具

主人可以使用市售的觅食玩具，也可以在塑料胶囊上开孔自己手工制作。另外，别忘记根据觅食游戏用到的食物的分量，相应地减少饲料。

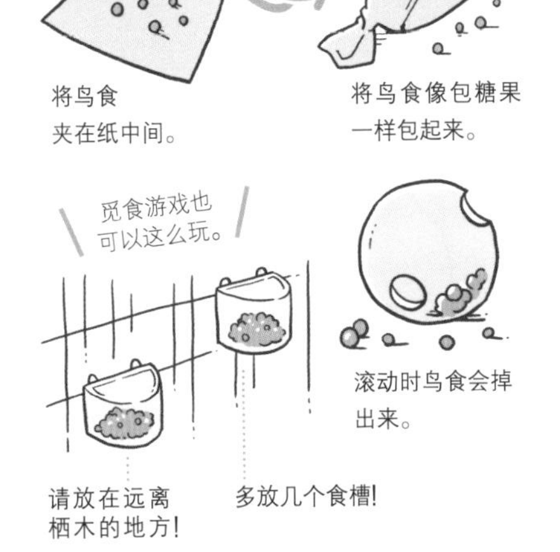
宠物鸟能打开
后提升难度。
将鸟食
夹在纸中间。
将鸟食像包糖果
一样包起来。
觅食游戏也
可以这么玩。
滚动时鸟食会掉
出来。
请放在远离
栖木的地方！
多放几个食槽！

一起玩耍

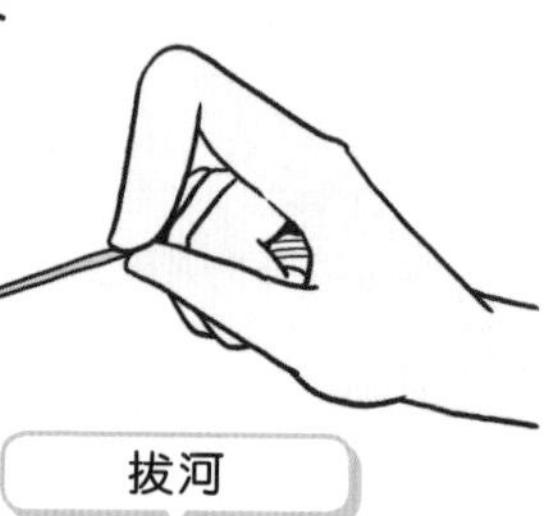

拔河

发现鹦鹉在玩细长的绳子时，主人可以招呼一声并拿起另一端与它拉拽。如果被鹦鹉拉回去，主人可以轻轻地、有节奏地拉放绳子。玩拔河游戏的诀窍就是有张有弛。

隧道游戏

主人用手扮作隧道状，让宠物鸟从中穿过。对于那些不配合的小鸟，可以用零食引导。

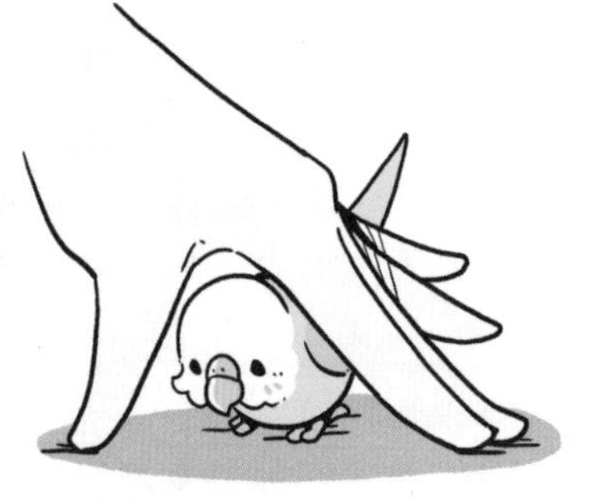

追逐游戏

主人用食指和中指扮作脚，在鹦鹉的旁边小步走动，与它你追我赶地玩耍。一边唱歌一边玩追逐游戏，气氛更佳哦！

过来

伸出想让鹦鹉站立的手指，另一只手拿着奖励品展示给它，并对它说“过来”。手指不动，静待鹦鹉过来。当鹦鹉站上手指，就给它奖励。

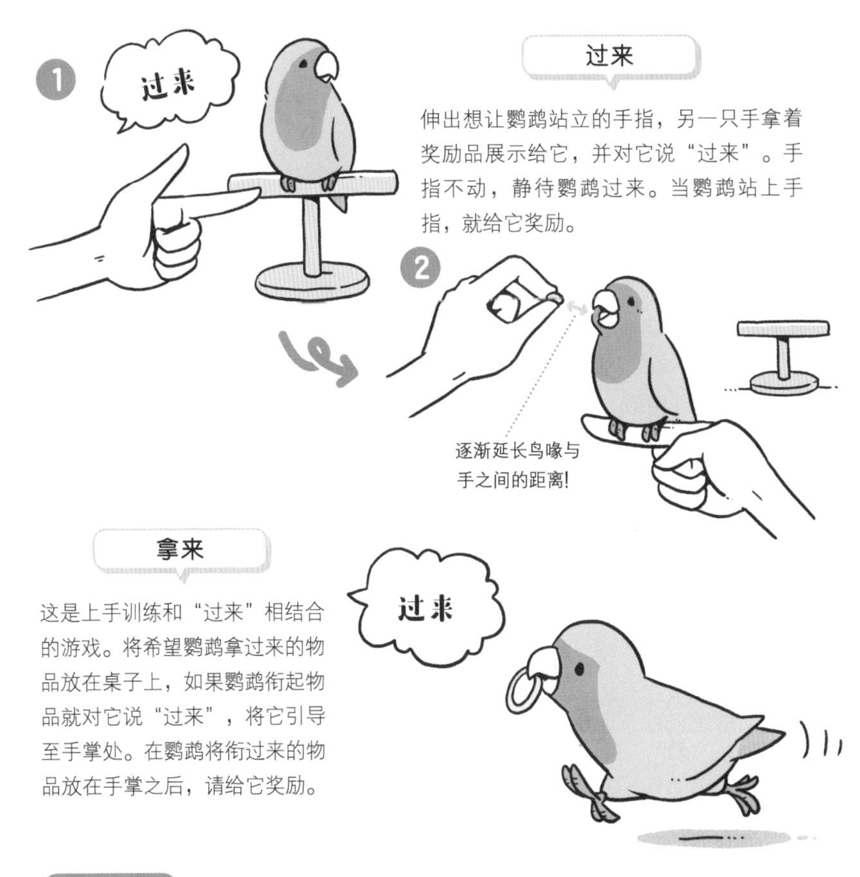

拿来

这是上手训练和“过来”相结合的游戏。将希望鹦鹉拿过来的物品放在桌子上，如果鹦鹉衔起物品就对它说“过来”，将它引导至手掌处。在鹦鹉将衔过来的物品放在手掌之后，请给它奖励。

\ 投稿 /
我家的玩法

袜子等等我游戏　　太平洋鹦鹉：咘咘

我家爱鸟很喜欢一双粉色带有心形图案的袜子，它会配合着我的歌声“袜子等等我”，伸出鸟喙攻击袜子！玩得高兴的时候，它还会吊在袜子下面，像荡秋千一样玩耍。

你丢我捡

主人一边喊着“哎呀”，一边将鹦鹉弄掉的物品捡起来放回原处，并不断重复。

套圈游戏

让鹦鹉衔着塑料环套在棍子上（或者主人的手指上）的一种游戏。主人先在棍子套圈，示范给鹦鹉看。

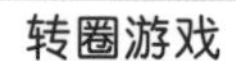

悬吊游戏

让鹦鹉咬住主人手中的绳子，晃晃悠悠地悬吊着的游戏。主人可以像荡秋千一样，前后左右摇动绳子，给鹦鹉不一样的体验。

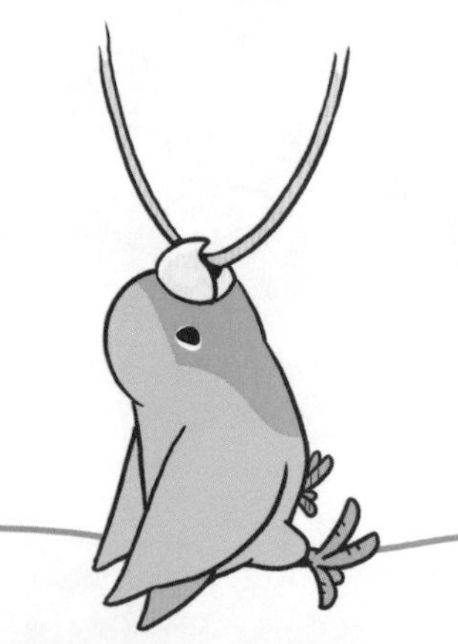

转圈游戏

将奖品放在鹦鹉上方，以“转圈”为口令转动手指。鹦鹉会跟随手指转圈。反复训练后，有些鹦鹉仅凭口令指挥即可完成转圈。

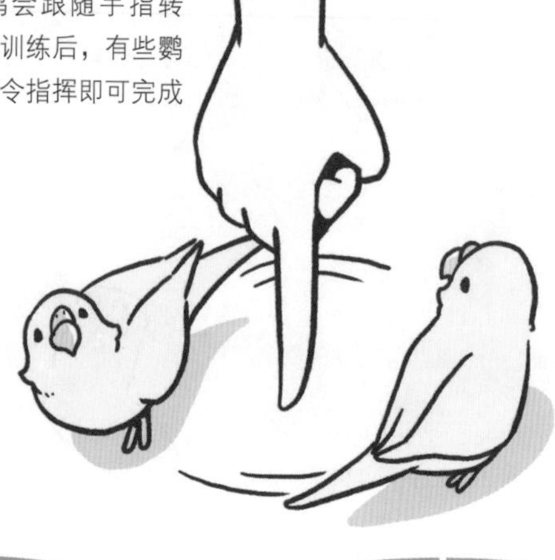

躲猫猫

与逗孩子时的玩法相同，主人用手挡住脸，口中念着“看不到我了”，接着再拿开双手露出脸来，口中说着“在这里”，突然出现。还可以玩不同的花样，比如躲在家具内再出来，或者挡住鹦鹉的视线等等。

\ 投稿 /
我家的玩法　学舌游戏

桃脸牡丹鹦鹉：Mimiko

我家的Mimiko在听到“出去吗”时，会发出“哔”的声音回应我，不仅如此，我打喷嚏、咳嗽和笑的时候，它也可以很好地模仿声音。主人和爱鸟总是一派欢声笑语！

准备玩具时……

❶ 严格选择安全的宠物用品

要留心宠物用品的原料是否含有铅等有害成分。请避免使用容易缠住宠物鸟的细绳、容易被误食的小尺寸物品，以及容易夹到脚的玩具构造等等。

❷ 小心意外

很多意想不到的意外事故都有可能发生，如绳子缠住脖子，吞下玩具碎片等。在鹦鹉玩耍时，主人绝不可以移开视线，一旦发现玩具破旧请马上更换成新的。

BIRDSTORY'S STORY

第一次觅食训练

我计划对爱鸟进行觅食训练，于是在打了孔的亚克力球中放入了种子粮。
咕噜咕噜……啪！
咕噜咕噜……啪！
我家爱鸟很快就适应了这个游戏。

BIRD FOOD
最开始我只放入了种子粮，后来，我试着在谷物中混入了滋养丸……

咕噜咕噜……
咕噜咕噜……
竟然一直滚着球，一口也不吃……

它的行动最后变成——如果掉出来的是滋养丸就视而不见，继续滚动小球，直到种子粮掉出来。

耶——

小球中所有的饲料都出来后，鹦鹉最终还是会吃掉滋养丸，但是这令我十分震惊！我重新认识到鸟类是一种多么聪明的动物。

鹦鹉饲养中的烦恼

任何鹦鹉都可能出现问题行为。

这时，切勿弃之不管，

为了爱鸟的身心健康，

请主人们真诚地面对养育上的烦恼，并解决问题。

烦恼

鹦鹉可以独自看家吗

鹦鹉最多可以独自看家一晚

如果有充足的饲料和水，合适的温度和湿度，并且为鹦鹉准备了不会让它感到无聊的环境，鹦鹉可以独自看家一晚。

不过，上述情况仅限于健康鹦鹉，如果家中的宠物鸟是雏鸟、病鸟和老鸟，请将其寄养到宠物宾馆或宠物医院。如果宠物鸟的家庭医生处设有宠物宾馆，也可以放心地寄养在那里。

如果需要让健康的鹦鹉独自在家两个晚上，除了送去寄养，也可以请朋友或宠物保姆来家中照料。接下来我会讲解照料的方法，请主人们做好记录。

提前打开电视或收音机

利用电视等设备让鹦鹉听见人声或其他声音，可以缓解孤独感。

拆下玩具

如果爱鸟的胆子小、容易恐慌，为防止其被绊倒，请提前将玩具拆下来。

多准备一些饲料和水

准备大量的饲料和水。多放些食槽就更好了。

请一直开着灯

请主人打开灯，取下鸟笼罩布，因为一片黑暗会造成鹦鹉恐慌。

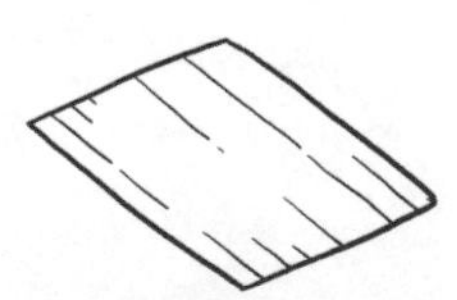

取下隔离底网

这样即使饲料掉到底盘上，鹦鹉也能自己捡起来。

\ 投稿 /

鹦鹉看家实录

虎皮鹦鹉：小薄荷

我要出门了，留你一个人看家，不好意思……
眼泪
汪汪

对不起，留你一个人看家了……
啊，忘东西了！

它一定很寂寞吧……

咦？很淡定呢……
啊，主人，你回来啦！
我家宝贝出乎意料地坚强啊！

留鹦鹉独自看家前的确认事项

非病鸟或老鸟

需要护理的宠物鸟不知何时会发生异常状况，因此尽量不要留它们独自在家。

通过空调完成对温度、湿度的管理

做好温度、湿度管理是让宠物鸟独自看家的前提，请主人将空调打开，以保证全天24小时温湿度达标。

让鹦鹉逐步适应看家

如果忽然将鹦鹉留在家2天，对它们的精神层面会造成巨大的负担，可以从几个小时、半天到一天练习一下，让鹦鹉逐渐适应。

外出不可超过两晚

外出期间可能发生空调故障等意外，因此请主人避免离家超过两晚。

寄养鹦鹉

如果上述确认事项有任何一项不符合，就不能让鹦鹉独自看家。请主人将它们寄养到值得信任的地方，如朋友家、宠物医院、宠物旅馆等地。

烦恼

外出时该怎么办

让宠物鸟待在外出笼中

带爱鸟去一个陌生的环境或多或少都会给它带来压力。不过，有时它们又必须外出，比如前往宠物医院。因此，最重要的是让宠物鸟提前习惯外出笼，把外出笼当作“安心之所”，以备不时之需。第一次外出的时间不宜过长，先从几十分钟开始，逐渐延长外出时间。

1 将外出笼放在房间内

平时，将外出笼放在鸟笼旁边，让爱鸟随时能看见它。这样一来，爱鸟就会习惯其存在。

2 在外出笼内投喂零食

放鸟出笼的时候，可以在外出笼内投喂零食，与爱鸟进行互动。让宠物鸟对外出笼产生好印象。

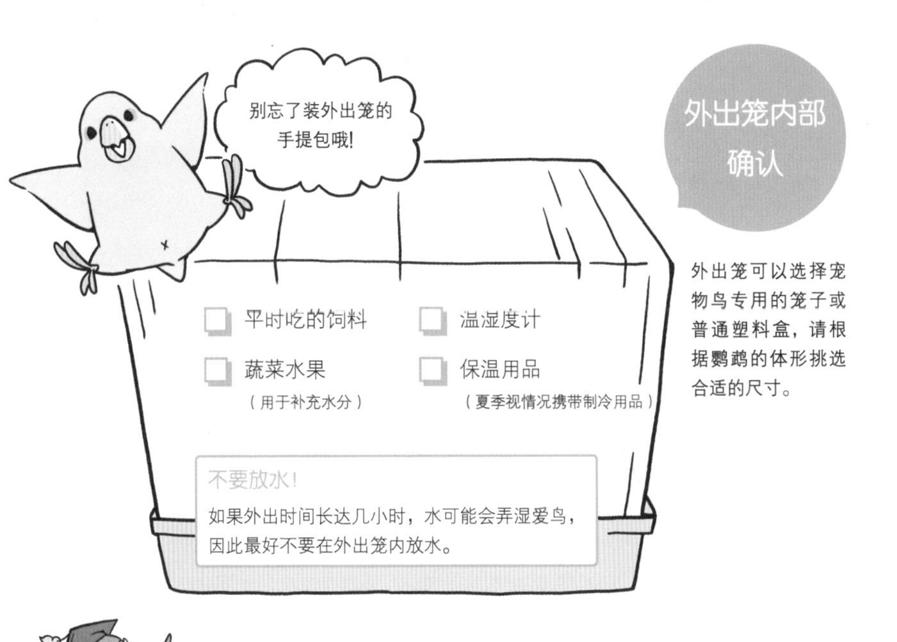

别忘了装外出笼的
手提包哦!
平时吃的饲料
温湿度计
蔬菜水果
（用于补充水分）
保温用品
（夏季视情况携带制冷用品）
不要放水!
如果外出时间长达几小时，水可能会弄湿爱鸟，
因此最好不要在外出笼内放水。

外出笼内部确认

外出笼可以选择宠物鸟专用的笼子或普通塑料盒，请根据鹦鹉的体形挑选合适的尺寸。

前往宠物医院时需携带的物品

主人的职责是将宠物鸟的异常状况告诉兽医。
携带一些可以作为客观判断的材料，可以帮助医生做出更加正确的判断。

粪便

请将当日（有时需要多日）粪便用保鲜膜包好带去医院。

照料记录

健康时期的体重、粪便状态、食量等的记录是重要的比较样本。

食物

请将平时投喂的饲料和零食带到医院。

也可以将饲料外包装上的成分表拍下来。

请使用 p190 ～ 191
的照料记录
单哦!
○月○日
体重
饮食
粪便

烦恼

如何选择医院

在医院可能会被问到的问题
宠物来源
性别与年龄
日常饮食
平时的体重
饲养环境
食欲和排泄物状态
从何时开始不舒服的
病历和用药记录
雌鸟的产卵记录
到医院后，请把这些信息告诉医生哦。

选择宠物医院时的注意事项

❑ 详细说明治疗方案

观察医院是否愿意向宠物主人详细说明使用的药物和护理方案等治疗内容，并在取得主人的同意后才进行治疗。另外，诊疗费用是否明确也很重要。

❑ 提供饲养建议

是否在提供疾病治疗服务外，还会对宠物鸟的日常照料给予指导意见。

❑ 知识、设备

请寻找拥有扎实的专业知识、丰富的鸟类诊疗经验的医院。另外，还需确认该医院是否配备专业的治疗设备。

带爱鸟回家前要找好医院

与猫狗相比，治疗鸟类的宠物医院会少一些。您可以通过网络查询或向店员咨询，在带爱鸟回家前就先找好医院。还有一点也十分关键，在爱鸟健康时就带它前往医院，提前与兽医做好沟通。

到医院后，主人需要提供左侧页面所示的信息，因此请您平时就掌握爱鸟的状况。

烦恼

宠物鸟爱乱咬

Case 1 啃咬物品

误以为是玩具

如果宠物鸟啃咬的物品，正好是它喜欢的材质，它可能将这个物品当成了可以咬的玩具，正在一个人玩耍呢。

宣泄压力

宠物鸟在无聊时，或是有什么不如意的事情时，就会通过一些破坏活动宣泄压力。

弄清楚啃咬物品的原因

“啃咬物品”对鸟类而言就像是工作一样。如果爱鸟出现啃咬物品的现象，最好的对策就是不要让它接触不能啃咬的物品。不过，如果鸟儿频繁地啃咬人类，就需要采取一些措施了。请主人逐一找到原因并将其解决。啃咬物品也可能是疾病引起的，如果情况严重请咨询兽医。

可能进入了叛逆期

在宠物鸟的成长过程中会经历两次叛逆期（p150 ～ 151）。当鸟儿处于叛逆期时容易心浮气躁，攻击性强，只能等待时间来解决。

Case 2 咬人

主人被咬后的反应很有趣

如果宠物鸟觉得主人被咬之后大叫“好痛”的反应很有趣，就会反复咬主人。

对策

即便被咬也面不改色！

如果主人被咬后发出声音，容易让宠物鸟误以为“主人觉得很好玩”，并将啃咬当成一种游戏。要想杜绝它的这种行为，就需要主人即便被咬也表现得面不改色。总之，视而不见就是最有效的措施。

在宠物鸟心情不好时，主人如果想把它从鸟笼中拿出来，它可能会咬手指。这是宠物鸟向主人传递“我不愿意”的信息。

对策

给它可啃咬的玩具

如果宠物鸟表现出想咬人的样子，就把可啃咬的玩具拿给它，并在它啃咬玩具后立即给予奖励。这样一来，它就会记住这个玩具是用来啃咬的。

将主人视为领地入侵者

有些宠物鸟领地意识较强，误以为主人是敌人，用啃咬的方式进行攻击。

恐惧人手

可能因为宠物鸟记得之前咬手时，主人会把手拿开，因此认为“只要咬住，主人的手就会离开”。

对策

消除宠物鸟对人手的不良印象

不要随意侵扰宠物鸟的领地，另外，趁着打扫卫生时，将宠物鸟连同鸟笼的位置挪动一下，可能会降低它们的攻击性。针对那些恐惧人手的宠物鸟，可以用零食等引导，让它们对手产生好印象。

烦恼

不愿意回笼

鸟笼外面
太好玩啦

有些宠物鸟认为，相对于鸟笼内而言，在鸟笼外不但可以自由地活动，还能和主人玩耍，纯粹因为笼外更好玩而不愿意回笼。

鸟笼里
太无聊啦

鸟笼内既没有玩具玩，也没有主人的照料，太无聊啦……很多宠物鸟不想无聊又孤独地待在鸟笼里。与此相反，有些主人为了取悦宠物鸟，在鸟笼里堆了太多的玩具，这也会让宠物鸟感觉不舒服。

不让鸟笼变成无聊的代名词

你是否也认为“宠物鸟回到鸟笼就意味着游戏时间结束了”？宠物鸟不愿意回笼正是因为它们认为鸟笼是无聊之所，回笼后主人就不再理会它们……所以它们当然不愿意回笼了。

即使鹦鹉在笼内的时候，主人也要投喂零食，与它说话，积极地与鹦鹉互动。

遵守放鸟出笼的时间

如果放鸟出笼的时间每天都不一样或者时间太短，鸟儿就会产生不满情绪。请主人按照固定时间放鸟出笼，如每天 1 小时。

对策

让宠物鸟感到笼内也很有趣

主人可以通过在笼内摆放专用玩具，回笼后给予奖励等方式，让宠物鸟感受笼内独有的乐趣。有些宠物鸟会认为“只有待在笼外才能和主人玩”而不愿意回笼，因此它在笼内时，也要记得进行肢体接触哦。

让它学会遵守“过来”口令

请使用p99的口令“过来”，让宠物鸟站在手上。如果直接走向鸟笼，会让它以为“过来=被关进鸟笼”，因此带它回笼时请绕些远路。接着将其放回鸟笼，稍微安抚一下再关门。

烦恼

拔毛成癖

逐一寻找原因

拔毛癖的形成原因有很多，首先要考虑疾病的可能性，及时到宠物医院就诊。如果确认并非疾病，再寻找其他原因。

不过，即使排除掉所有原因，拔毛成癖后也很难根治，主人要耐心地应对。

可能生病了

除了传染病之外，身体和皮肤不适也可能导致宠物鸟出现拔毛癖。原因有营养失衡、晒太阳和洗澡时间过短，或饲养环境不卫生等等。

可能的原因

- ☐ 内脏病变
- ☐ 营养失衡
- ☐ 病毒性传染病等

详见 → p178

游戏的一环

宠物鸟太无聊了，也可能会拔自己的羽毛玩，如果养成习惯就是拔毛癖。还有些宠物鸟会为了引起主人的注意而拔毛。

有些宠物鸟希望借此引起主人的关注。

其他原因

有些宠物鸟会在感到不满、不安，或者环境发生变化的时候，出现拔毛现象。另外，有些宠物鸟会拔掉换羽期发育不完全的羽毛、染上污垢的羽毛，结果不知不觉间就发展成了拔毛癖。

可能的原因

- ☐ 环境的变化
- ☐ 无聊
- ☐ 发情
- ☐ 换羽不完全
- ☐ 心怀不安
- ☐ 羽毛污秽
- ☐ 与鸟类同伴或人类的沟通不畅

对策

首先，前往医院就医！

发现宠物鸟的拔毛癖之后，切勿自行判断，认为它们“只是压力太大”。正确的做法是带其前往医院，请医生诊断是否为疾病。确认是疾病后，请根据症状进行治疗或调整居住环境。

若并非疾病

逐一排查原因，改善环境

如果诊断结果显示拔毛癖并非疾病所致，那么就需要寻找精神层面的影响因素。

- ☐ 环境的变化
- ☐ 心怀不安
- ☐ 与鸟类同伴或人类的沟通不畅

主人需要回想一下，是否有让宠物鸟感觉到压力的事情。例如，搬家后出现了环境变化，最喜欢的主人去旅行了，家中养了新的宠物鸟，等等。

- ☐ 无聊

为宠物鸟准备一些需要动脑的玩具或是可以啃咬的物品！

- ☐ 发情

如果宠物鸟频繁发情，请采取发情对策（→p118）。

无论致病原因是什么，主人都需要分析一下是否存在开始拔毛的导火索，并采取对策逐一排除可能的原因。如果依然没有缓解，可以尝试引导宠物鸟玩一些拔毛外的游戏。另外，在宠物鸟不拔毛的时候，主人不要忘记多与宠物鸟进行肢体接触。

烦恼

总是大声喊叫

聪明的鹦鹉会学习！

请主人好好思索一下，在鹦鹉不停地大声喊叫时，你有什么反应。它们呼喊主人都是有理由的，可能是因为无聊寂寞，也可能是因为肚子饿了。请主人试着采取与鹦鹉安静乖巧时一样的行动。

即使主人一开始用无视它的叫喊来表达不满，但如果它的叫声越来越大，主人因为受不了噪声而过去查看的话，一切就会前功尽弃。你要做的是，在鹦鹉大声喊叫时视而不见，而在它小声呼叫时采取行动。这样一来，鹦鹉就明白了，即使声音很小，主人也会过来，它们或许就会降低音量了吧。

主人的常见反应

- ☐ 靠近查看
- ☐ 与它说话
- ☐ 看着它

谨记视而不见！

鹦鹉夜晚叫声激烈时

如果查明鹦鹉的叫喊与上述原因无关，那可能是房屋的亮度导致的。房间太亮会影响鹦鹉的睡眠，因此在太阳落山后，请为鸟笼盖上罩布。

对策

采取与鹦鹉安静乖巧时一样的反应！

鹦鹉可能会将主人的呵斥当作一种游戏。如果在叫声停止后再靠近鸟笼并给予奖励，鹦鹉就会记住“如果保持安静会有好事发生”。

烦恼

只认一个主人

对特定对象怀有极深的情感

鹦鹉是一种对配偶怀有极深感情的动物，有时它会将主人认定为伴侣。如果鹦鹉对特定的人产生了强烈的爱意，不久后就会进入“只认一个主人”的状态，当其他人靠近时，它就会产生攻击性。

这样一来，除了所谓的人类“伴侣”，其他人就很难照料鹦鹉。这很令人困扰，对吧？因此，为了避免鹦鹉只认一个主人，最好的方法是多人共同承担照料工作。不过，如果你已经这么做了，但它还是只认一个主人，请尝试下面的对策。

对策

让鹦鹉习惯其他人

让鹦鹉认定的主人之外的人投喂它最喜欢的零食，让鹦鹉认识到和这个人在一起，就会发生好事。循序渐进地尝试，在人类“伴侣”不在时，由其他的家人照料或尝试肢体接触，时间久了，它的攻击性也会逐渐减弱。

烦恼

频繁发情

过度发情会影响身体健康

雌鸟一年出现一两次的发情或产卵并无太大问题，不过如果出现慢性反复产卵的状况，进而诱发疾病，就十分危险了。

雄鸟并不会产卵，不过出于防御本能，频繁发情会让它们的性格变得更有攻击性，或容易罹患睾丸肿瘤。

无论是雌鸟还是雄鸟，抑制发情更有益于它们的健康。主人无意的行为（→p121）可能被鹦鹉当作求偶行为，诱发鹦鹉发情，因此要减少可能会被误解的行为。另外，请尝试一下p120提到的对策。

雄鸟　发情的信号与坏处

- 健谈
- 跳求偶舞
- 反复反刍吐料
- 变得有攻击性

蹭屁股和踊跃地唱歌也是表达“我很喜欢你”的求偶行为之一。

频繁发情会导致部分鹦鹉容易罹患睾丸肿瘤

睾丸中不停地产生精子，会增加睾丸肿瘤的发病风险。特别是虎皮鹦鹉要格外小心。

雌鸟　发情的信号与坏处

- 头部后仰
- 蹲伏
- 寻找可以当作筑巢的物品
- 钻入笼底的纸或狭窄的地方

桃脸牡丹鹦鹉为了准备筑巢，会将纸条撕碎，并插到尾羽上。

各种疾病的致病原因

过度发情会导致生殖系统疾病（见下文）。另外，过度产卵也会给身体带来很大的负担。

变得有攻击性

出于防御本能，平时很温顺的鹦鹉也会出现啃咬等攻击性行为。

容易引起拔毛症

发情期的鹦鹉脾气暴躁，会出现啃咬身体的自咬症或拔毛症。

鹦鹉发情机制

1. 雄鸟发情并出现求偶行为
2. 雄鸟的求偶行为导致雌鸟发情
3. 一边筑巢一边反复交尾
4. 雌性产卵

雌鸟过度发情会导致疾病！

❶～❹的正常发情行为是没有问题的，不过慢性发情，即反复的发情和孵卵会导致疾病。

生殖器

- 挟蛋症（难产）
- 产下异常卵
- 输卵管炎、体腔炎
- 卵巢、输卵管肿瘤
- 输卵管阻塞

内脏与代谢

- 低钙血症
- 脂肪肝
- 多骨型骨质增生
- 腹壁疝
- 软骨病
- 动脉硬化等

详见 → p178～179

对策

采取对策，使发情条件不成立

为了抑制鹦鹉发情，最好不要创造有利于发情的条件。无微不至的舒适环境会让鹦鹉觉得“很适合养育孩子”而诱发发情。抑制发情对策的重点是控制饮食，如果效果不佳，请继续尝试右页的对策。

肚子好饿。
最近好冷啊！
没找到对象呢。
这样下去我没法养孩子啦！

1 控制饮食

如果宠物鸟的体重高于标准体重，可能会诱发其反复发情。因为这会让宠物鸟认为这是“食物丰沛，营养状况良好=可以生育雏鸟”的环境。

比标准体重高

开始减肥。不过，对于鹦鹉而言，1g的变化也相当大，所以减肥要在咨询兽医的意见后再进行。

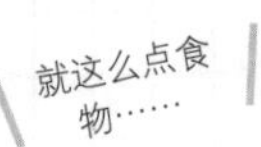

就这么点食物……

夜间请撤去食槽！

为了防止夜间鹦鹉突然睁开眼睛发现面前有饲料的状况，到了睡觉时间请撤去食槽！

为达成标准体重而调节饲料量

咨询兽医并确定每天的食量后，用厨房秤称量每餐的重量再投喂。控制饮食时要注意每天称量体重，确认一下鹦鹉是否过于清瘦。

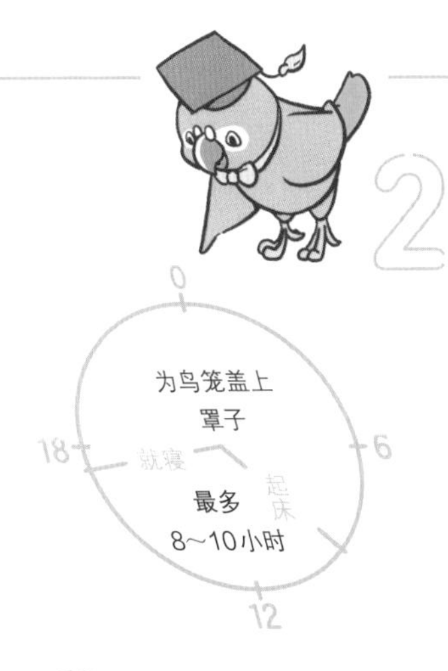

2 缩减鹦鹉的日照时间

因为鹦鹉可能会误以为“日照时间长=温暖的季节=繁殖季”，因此请控制鹦鹉待在光线充足区域的时间在8～10小时。如果超过该时间，请把鸟笼转移到安静的地方，并盖上罩布使鸟笼变暗。

关于文鸟

文鸟在日照时间短的时候更易发情，因此让鹦鹉早点睡并不能抑制其发情。虽说如此，也不能让它们熬夜哦!

3 不要为鹦鹉提供可能的筑巢材料

鹦鹉看到让它们联想到巢穴的小箱子以及可能的筑巢材料会诱发其发情，因此请注意不要为它们提供这些材料。另外，请采取措施防止鹦鹉在放鸟出笼时进入狭窄的区域。

⚠ 不要为鹦鹉提供以下材料

- ☐ 布和纸
- ☐ 让鹦鹉联想到巢穴的小箱子

4 不让自己成为它发情的对象

主人要尽量避免可能诱发鹦鹉发情的行为。另外，让鹦鹉远离可能被视作伴侣的物品，如喜欢的玩具等。

⚠ 避免以下行为

- ☐ 避免触摸鸟喙和背部
- ☐ 不要频繁地与它说话

烦恼

因害怕主人的手而逃离

因为恐怖的经历而留下了心理阴影

鹦鹉害怕人的手，是因为手给它们留下了痛苦的记忆。你是否曾经强行抓捕，或者用手弄疼过它？

鹦鹉一旦对手留下了恐怖的印象，就很难改变。不妨就从这次开始，让鹦鹉认识到“人的手是美好的存在”吧。

请主人用手投喂零食，当手靠近而它们没逃走时，请给予更多的鼓励。如果鹦鹉对人手一直怀有畏惧之心，既没办法做健康检查，也很难一起玩耍。所以，请主人千万不要着急，耐心一些，想办法慢慢让它习惯。

对策

让鹦鹉认识到手并不可怕

手持零食，等待鹦鹉来进食。如果移动，鹦鹉会因恐惧而逃走，因此要一动不动地等待鹦鹉过来进食。让鹦鹉逐渐习惯“被零食诱惑着来取食，吃着吃着才发现手也在这里”这件事。

不逃走就给予鼓励

如果鹦鹉不逃走直接从手上取食，就表扬它们“乖孩子”。在反复的“用手投喂饲料→表扬”的过程中，以前令鹦鹉恐惧的手，应该会逐渐变为可以得到零食和赞美的美好存在。

烦恼 不吃蔬菜

我喜欢这种。♡
我不喜欢吃那种，也讨厌吃这种。

一定有宠物鸟愿意吃的蔬菜！

对于以种子粮为主食的鹦鹉而言，为了补充营养，最好让鹦鹉吃一些蔬菜。而对于那些以滋养丸为主食的鹦鹉们而言，也可以吃一些蔬菜，享受饮食的乐趣。

不过，实际上很多主人都在抱怨“我家宝贝就是不吃蔬菜”。这时，主人需要耐心一点，努力为它们找到一种爱吃的蔬菜。

对策

让鹦鹉试吃各种的蔬菜

鹦鹉对口味、外观和口感的喜好各不相同。请主人找出自家爱鸟喜欢的类型，还有些鹦鹉不吃完整的蔬菜，但撕碎后投喂就愿意进食。

饲养多只宠物鸟时，让它们看着其他同伴吃！

很多成鸟可能并没有把蔬菜当作饲料。它们看到同伴在吃的时候，才会意识到“原来那是食物啊，吃下后很安全啊”，从而对其产生兴趣。让它们看着主人大快朵颐也是一种方法哦！

!
原来是食物啊！

自然脱毛

无须担心换羽期的自然脱毛

出生后2～3个月，幼鸟的羽毛会脱落，它们将要换掉胎毛长出成鸟羽毛。大量脱毛可能会引起主人的担忧，不过这种情况无须忧心，经过1～2个月的时间，鹦鹉的羽毛就会长齐。

成鸟每年至少要更换一次新羽，也就是所谓的“换羽期”，在此期间它们的旧羽毛会更换成新羽毛。鸟类在换羽期会消耗更多的体力，因此要为它们提供高蛋白的饲料以及蔬菜。

不过，如果鹦鹉在非换羽期脱毛以及换羽期后羽毛仍未长好，可能是疾病造成的，请主人尽快带它到医院就诊。

蛋白质是羽毛的主要成分。请为鹦鹉提供可以摄取蛋白质和维生素的饲料，让它们安全度过换羽期。

如果非换羽期发生脱毛现象……

非换羽期发生的脱毛现象可能是鹦鹉喙羽症（→p178）造成的。幼鸟的发病率较高，有时甚至会导致全身的羽毛脱落。这是一种由病毒引起的传染病，没有有效疫苗。如果饲养多只鹦鹉，为了防止传染，需要将病鸟隔离，并尽快带到医院就诊。

突然出现攻击性行为

可能处于发情期，或由压力、受伤导致

无论是雌鸟还是雄鸟，发情期都会变得具有攻击性，特别是产卵后的雌鸟，攻击性更强，因此不要强行抚摸它们。

另外，还有一些原因也会导致宠物鸟出现攻击性行为：

●刚变为成鸟的叛逆期（→p151）。

●无聊导致的压力过大。

●身处外敌环伺等恶劣的环境，令其产生畏惧心理。

进入叛逆期是正常成长的证据，因此静静地等待爱鸟的性格稳定下来即可。如果它是因为无聊而叛逆，主人就要积极地陪它玩耍。此外，如果因环境变化给爱鸟带来了压力，请主人思考造成的原因并加以改善。

对策

最重要的是寻找原因

① 发情期

无论是雌鸟还是雄鸟，发情期都容易变得具有攻击性（→p118），特别是雌鸟的领地意识会变强。请主人们排除诱发发情的因素并尽力预防。

一些主人注意不到的、细微的环境变化都会给鹦鹉带来压力，使鹦鹉为了保护领地而变得具有攻击性。请主人仔细寻找原因，并将环境恢复原状。

请避免直接接触，可以坐在鸟笼附近，让它们意识到“主人并不会伤害我”，以此开始慢慢与鹦鹉接触。

如何减肥

根据兽医的指导为鹦鹉减肥

鹦鹉的疾病，大多是日积月累形成的，这些疾病其实是可以预防的。其中最重要的预防措施就是“不要发胖”。与人类相似，肥胖会导致鹦鹉出现肝病和动脉硬化，也会诱发其他多种疾病。

肥胖的主要原因是食量太大或挑食高热量饲料。因此，与人类一样，减肥最重要的就是控制饮食，其次是通过运动来消耗热量。

不过，体重骤降也会导致疾病，请在兽医的指导下为鹦鹉减肥。

鸟类代谢综合征的诊断

【 ☑ 有以下症状要小心了！】

- ☐ 有选择地进食种子粮
- ☐ 喜静不喜动

- ☐ 飞行时难以提升高度

- ☐ 体重与日俱增
- ☐ 停在手指上感觉比平时更重

通过胸骨来确认

☐ **偏瘦**

通过观察或触摸胸部，都能够感知到龙骨突的三角形骨骼末端。

☐ **正常**

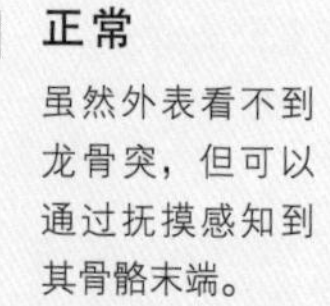

虽然外表看不到龙骨突，但可以通过抚摸感知到其骨骼末端。

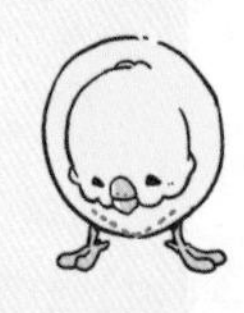

☐ **偏胖**

通过观察或触摸胸部，均无法感知龙骨突骨骼的末端。鹦鹉的体形整体呈圆形。

对策

重新制定食谱、食量

主人首先需要重新检视宠物鸟的饮食习惯！
投喂合适的饲料和恰当的分量，做好饮食管理。

重新确定食量

❶ 每天称量食量，算出一周的平均值

早晨投喂固定重量的饲料，傍晚或第二天更换时称量剩下的重量，减去后算出鹦鹉的食量。进而得出一周的平均食量。

❷ 在原来的基础上减量后再投喂饲料

通过步骤❶知道平均食量后，减去医生要求的分量后，再进行投喂。

❸ 测量体重

减肥过程中需要不断调整方案，避免体重出现骤降，花费几个月的时间慢慢达到目标体重。如果减重过快或体重毫无变化请咨询兽医。

重新检视食谱

确认除主食外是否投喂了大量高热量饲料。水果的维生素含量虽高，但糖分含量也不低，因此需注意投喂量。

需要留意的饲料

- ❑ 葵花籽
- ❑ 麻籽
- ❑ 尼日尔草籽
- ❑ 油菜籽
- ❑ 水果　等等

增加运动量

为了让鹦鹉在笼内也能自发地运动，准备一些可以用爪子抓握行走的绳子，或是可以追赶玩耍的玩具，增加鹦鹉的运动量。

BIRDSTORY'S STORY

我家爱鸟的家庭医生

我去过很多医院，最近固定在森下小鸟医院看病。

第一次去的时候我非常开心，因为院长医生记住了我家爱鸟的名字。

小香蕉

即使再小的异状，院长都会耐心地为我解惑，并教给我很多鸟类相关知识，我的爱鸟受到了医院很多关照。

特别是他们的短时寄养服务，更是帮了我的大忙。

我偶尔会因工作出差，那时就会拜托医院照料我家爱鸟。

我经常去那家医院看病，所以寄养在那里，我十分放心。

他们还会通过医院的线上平台发布爱鸟的状态并配上照片，让我更加放心。

我在出差地也能了解到爱鸟的状态，既安心，也倍感温暖。

GUIDE

鹦鹉读心术指南

鹦鹉在想些什么?

常做的一些动作，又代表什么意思?

其实鸟类正使出浑身解数，

用声音、身体、行为来向主人传递它的想法哦。

鸟类在想些什么

身为主人，你一定想全方位地了解爱鸟内心的想法吧。
接下来就让我们正确解读爱鸟的叫声和身体语言，听听它的心里话吧！

读懂心声的要点

高声表示戒备，低沉浑浊的叫声表示不满和愤怒。随着情绪高涨，鸟类的叫声也会变大。

它们的眼睛和鸟喙时刻都在变化，瞳孔会放大、缩小，鸟喙也会开合。

抖动或膨起羽毛，走路或飞行。每个动作都有不同的含义。

重要的是要努力解读

鸟类会通过鸣叫和身体语言与同伴沟通。与主人的沟通方式也一样。如果宠物鸟准确地传递了信息，主人却不能理解，它们会大受打击。

一些热衷交流的宠物鸟会不断尝试，用其他方式来传递信息。如果主人有所反应，它们就会因成功和主人分享心情而变得开心。

为了不辜负拼命传递信息的爱鸟，主人们也要竭尽全力地理解它们的心情哦。

鹦鹉

嘎

讨厌！

鹦鹉心情不好时会发出短而有力的“嘎”声。如果听到这个声音要尽量安抚，让鹦鹉玩它喜欢的游戏，或静静地等它情绪稳定下来。

呼叫和回应都是鸣唱的一种

鸟类的叫声分为鸣叫和鸣唱两种。鸣叫是与生俱来的叫声，鸣唱是为了交流沟通，经过训练后学会的叫声。繁殖期的雄鸟会用鸣唱来保护领地和吸引雌鸟。玄凤鹦鹉的歌声等也属于鸣唱，是它们为了与主人交流而努力发出的声音。

文鸟

咕噜噜噜噜……

心情不好

当文鸟遇到它不喜欢的事情，如游戏被打断的时候，它会用这种声音来表示不满。这时文鸟的情绪不佳，即使是平时关系很好的主人靠近时，也可能会被攻击。

鹦鹉

陪我玩呀

群居的鸟类最不擅长独处，一旦主人的气味消失，它就会感到寂寞和不安，并会大声“哔哔”叫着呼唤主人，意思是“你在哪里啊？不要丢下我，过来一起玩啊”。

鹦鹉

好心情♪

玄凤鹦鹉非常喜欢唱歌。唱歌也有熟悉词汇的作用。为了提升它们的歌唱水平，请主人在爱鸟唱歌中途不要表扬它们！否则，鹦鹉会因为感到满足而丧失上进心。

鹦鹉

呢喃

正在练习说话

鹦鹉记住了主人发出的声音，并为了发出相同的声音而在自发练习。常见于擅长说话的虎皮鹦鹉和大型鹦鹉。另外，鹦鹉在心情放松的时候，有时也会无意识地呢喃。

鹦鹉

模仿声音

很有趣，对吧？

鹦鹉很喜欢模仿铃声的“叮咚”、微波炉的“叮”等日常生活中经常听到的声音，因为主人听到这些声音后会下意识地回应。模仿这些声音时，主人会给予回应，鹦鹉会因此格外开心。虎皮鹦鹉、非洲灰鹦鹉、亚马孙鹦鹉都善于模仿声音。

不互相理毛意味着关系不好吗？

如果同时养着两只鹦鹉，它们却在同一时间各自梳理羽毛，主人可能会怀疑它们关系不好吧。不过请不要担心。因为它们彼此信赖，所以才会做同样的事情。这恰恰是它们关系良好的证据。

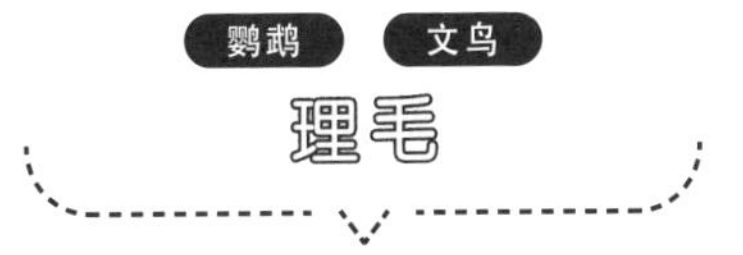

鹦鹉　文鸟

理毛

亲密的肢体接触

关系好的小鸟，最常见的肢体接触就是互相梳理羽毛。首先由其中的一只为另一只理毛，接下来另一只反过来也会为同伴理毛。

鹦鹉　文鸟

反刍吐料

充满爱意的礼物

鸟类会一边上下晃头，一边将饲料喂给特别喜欢的对象，将其作为送给对方的礼物，这是一种求偶喂食行为。还有一些小鸟会对着镜子中的自己吐料。

鹦鹉 文鸟

对着主人低头

帮我挠一挠吧

表示在向主人撒娇“帮我挠一挠呀”。鸟类互相理毛是亲密的象征，所以也请主人一边与它们聊天，一边温柔地帮它理毛（抓挠）吧。

鹦鹉 文鸟

咬头发

为主人整理“羽毛”

咬头发意味着宠物鸟将主人的头发当成了鸟类羽毛，正在帮忙理毛。不过，也有宠物鸟误将头发认为是巢穴而因此发情。如果发现宠物鸟出现了发情的趋势，要立刻让它远离头发。

鹦鹉 文鸟

蹭屁股

我们结婚吧

蹭屁股对于雄鸟而言是交配的姿势，也就是说，它在向主人表达“我们结婚吧”。虽然这是一种出于爱的行为，不过不必要的发情会给爱鸟身体造成负担。如果宠物鸟出现这个行为，请减少与它的肢体接触。

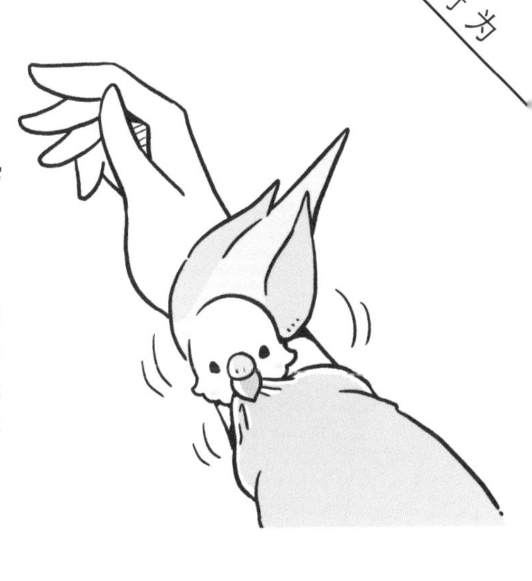

鹦鹉 文鸟

拉扯衣服

陪我玩！陪我玩！

明明是出笼玩耍的时间，主人却不陪宠物鸟玩耍。这时宠物鸟就会用鸟喙衔住主人的衣服，拉扯着叫喊“陪我玩”。陪伴宠物鸟玩耍时切忌三心二意，一定要陪它玩得尽兴哦。

鹦鹉 文鸟

靠近

你好像和平时不一样？

宠物鸟靠近情绪低落的饲主身边，是在查看主人的状态，它想要询问主人“你看起来有点奇怪，没事吧”。

鹦鹉 文鸟

盯着主人

我很信任你，很爱你哦！

鸟类与信任的对象才会进行眼神交流。如果爱鸟注视着你，不要忘记确认一下它的瞳孔，如果瞳孔放大，说明它感到了恐惧。另外，宠物鸟发情时，与主人目光交汇可能导致瞳孔缩小，有时头部还会向后仰（发情征兆）。

其他

鹦鹉

耸肩摆动翅膀

撒娇请求的姿势

鸟类表示某种请求时，翅膀会稍稍抬起，轻轻地摆动。这表示它们在撒着娇说“陪我玩”“给我零食”。不过在天气炎热时，它们也会做出同样的姿势，请注意分辨。

鹦鹉 文鸟

站在书籍或报纸上

看我！

当主人看书、看报纸，或关注鸟儿之外的事物时，宠物鸟就会强行闯入主人的视野，这是在告诉主人“认真看我”。爱鸟玩耍时，主人的目光要看向它哦。

鹦鹉 文鸟

张开鸟喙

我要吃饭

为了从主人那里讨要食物，宠物鸟会张开鸟喙缠着主人索求。它们还会像雏鸟一样撒娇。主人在津津有味地吃东西时，宠物鸟也可能会产生兴趣并讨要食物。

鹦鹉 文鸟

伸展肢体

嘿，我要动起来啦

指的是鸟类大幅度伸展肢体的行为，俗称“伸懒腰”。这是运动前的伸展操，也被称为“开始行动”。之前处于放松状态的宠物鸟，如果开始伸展肢体，就意味着接下来它会做点什么了。

鹦鹉 文鸟

不想出笼

外边很可怕

如果宠物鸟在出笼玩耍时经历了可怕的事情，它就会躲在安全的鸟笼里。主人要耐心等待它们自己出来。另外，处于换羽期或身体不适的宠物鸟也会躲在鸟笼里。

鹦鹉 文鸟

不愿回笼

喜欢笼外的领地

有些宠物鸟认为，笼外的广阔世界也是自己的领地，因此不愿意回到狭小的鸟笼。如果主人可以在固定时间放鸟出笼，在笼内摆放它们钟爱的玩具等，爱鸟应该就会乖乖回笼了。

鹦鹉

左右移动

心痒难耐想出去玩

鹦鹉安静不下来，在栖木上左右来回踱步。这说明它们很想出来玩，已经坐立不安了。主人如果察觉到这个行为，就需要把它从笼中放出来，让它尽情玩耍。

鹦鹉

扔掉玩具

我玩腻了

如果鹦鹉对自己丢掉的玩具不屑一顾，说明它们可能玩腻了。主人可以一边与它聊天，一边将玩具捡起来放回原处，变成“你丢我捡”（→p100）的新游戏，这样一来，宠物鸟应该会重新喜欢上旧玩具。

鹦鹉

拍动尾羽

已经结束了

这是一种用来表示“游戏已经结束了”的“结束动作”。也是鸟类用于表示转换心情的行为。大大地张开翅膀上下拍动也是一种“结束动作”，请注意不要与耸肩摆动翅膀（→p136）混淆哦。

鹦鹉

拍打翅膀

我还想玩呢

说明鹦鹉在抗议，“我没玩够呢”“我不回鸟笼”。主人一旦屈服于它们的抗议，鹦鹉就会认为“只要这么做，我的要求就会被满足”，每次遇到不满意的事情就会重复这个动作，因此主人要特别留意。

鹦鹉

瞳孔缩小

我的心情很激动哦

瞳孔可以反映心情。当鹦鹉心情激动的时候，瞳孔就会随之缩小。如发现不喜欢的对象而进入攻击模式时，喜欢的人与自己搭话而心情愉悦时，得到了好吃的零食觉得“太棒啦”时。

文鸟

眼睛变成三角形

我在生气

文鸟怒火冲天的时候，眼睛就会变成三角形。这时的文鸟处于极度兴奋状态，贸然动手动脚会被狠啄一顿。在它们的怒火平息前，请保持安静吧。

鹦鹉

变成“团子”

放松

文鸟非常放松时就会变成“团子”样入睡。有时甚至会软绵绵地趴在主人的手上酣然入睡。这是文鸟信任主人的象征哦。

鹦鹉 文鸟

身体变得细长

惊讶!

宠物鸟在惊讶或受到惊吓时，翅膀会紧贴身体迅速呈细长状。这是因为它们看到了陌生人或陌生的物品后进入了紧张状态。为了让敏感的小鸟免受刺激，请主人们撤去可能让它们感到恐惧的物品。

鹦鹉

啃咬粪便

好好打扫哦!

鹦鹉很在意散落笼底的粪便，有时会不小心咬到。打扫鸟笼是主人的职责，在鹦鹉出现不满情绪前，每天都要为它更换铺在笼底的垫子哦。可以铺上隔离底网，避免鹦鹉接触粪便。

鹦鹉　文鸟

羽毛竖起

我生气啦

当鹦鹉面部周围的羽毛竖起时，表示它正处于“我很生气”的愤怒模式”。它如果接下来再呼出一口气，就意味着它的愤怒值达到了顶点。主人要先道歉，再与它保持距离，直到它的怒气平息。另外，由发情引起的亢奋也会导致面部周围的羽毛竖立。

鹦鹉

耸肩

我帅吧

鹦鹉一边耸肩，一边在地上昂首阔步地走来走去，这是在向“意中人”展示自己的魅力，它们在表达“我帅吧？我很迷人吧”。这是常见于雄性玄凤鹦鹉的姿势。为了抑制多余的发情行为，一旦发现宠物鸟出现这样的举止，请立刻让它们回笼吧。

鹦鹉　文鸟

站在高处

我比你更厉害哦

高处等于安全之所，因此，宠物鸟认为“身在高处更厉害”。如果放鸟出笼的时候，宠物鸟常常待在高处，它可能在蔑视主人。主人们要想办法阻止它们待在高处，如拉上绳子等等。

BIRDSTORY'S STORY

不可思议的小鸟！

投稿

青铜翅鹦鹉：小夜

我家的小夜，性格十分沉稳，看上去十分文静。

即使放它出笼时，它也喜欢悠闲地待在自己喜欢的地方。
！
不过它对主人的眼泪十分敏感。
啜泣……

每当我因为一些事情难过哭泣时，它就会离开喜欢的地方，飞向我的肩头。

啜泣……

它用鸟喙碰触我，就像是在为我梳理头发和脸颊一样。

看起来就像是在安慰我『怎么了？打起精神来！』

只要发现我哭泣，小夜就会飞过来安慰我。这种现象发生过很多次。我认为这是因为它感受到了我的情绪，才会做出这种行动。

小鸟竟然可以察觉到这么多事情……真是不可思议。

PART 6

鹦鹉学

本章将围绕鸟的一生、身体构造、产卵等话题，讲解有关鸟类的很多秘密。
了解得越多，就越能深刻地认识到，
鸟真是一种复杂的生物。

了解身体结构

骨骼

为了减轻体重，鸟类的骨骼大多是中空的。但是其中也有许多细小支柱维持强度。

胸肌

鸟类挥动翅膀的动力来自于占体重25%的胸肌。哺乳动物也有胸骨，不过只有鸟类才有龙骨突。

呼吸器官

储存空气的“气囊”遍布鸟类全身，可增加鸟类的呼吸效率。另外，气囊还具有调节体温的作用。

排泄

鸟类频繁地排出粪便，也是为了减轻体重。

鸟类有很多“飞行的秘密”

毋庸置疑，鸟类最大的特征就是飞行能力。很多人认为，鸟类因为有羽毛才能够飞行，其实原因并非这么简单。在鸟类的骨骼、肌肉，以及体温等看不见的地方，同样隐藏着适于飞行的秘密。

体温

鸟类的体温为40～44℃，比人类稍高，偏高的体温可以促进新陈代谢，满足它们剧烈的运动和飞行需求。

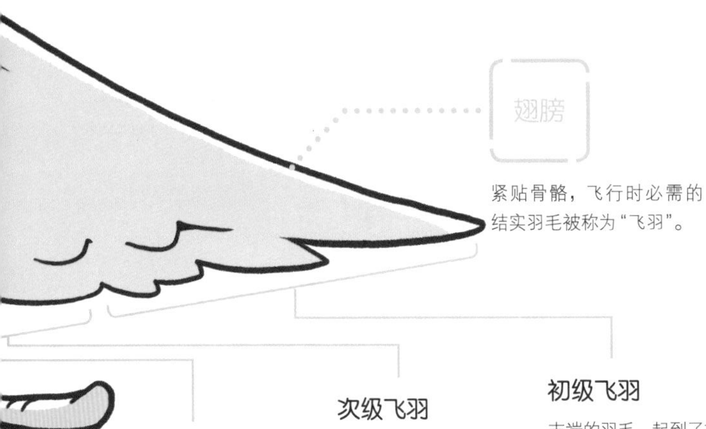

翅膀

紧贴骨骼，飞行时必需的结实羽毛被称为“飞羽”。

三级飞羽

起到辅助次级飞羽作用的羽毛。

次级飞羽

相当于飞机的机翼，可以顺应空气的流动而产生飞行的升力。

初级飞羽

末端的羽毛，起到了推进器的作用，可以产生飞行所需的推力。

尾羽

具有转换方向、保持平衡作用的羽毛，紧贴尾骨。

防水功能

尾脂腺位于鸟类的腰部上方，能够分泌油脂。鸟类在理毛时，将这种油脂涂满全身以提高防水能力，还可以保护羽毛，防止羽毛滋生细菌。作用类似于人类的头油。需要注意的是，若用热水为鸟类洗澡会洗掉油脂。

为小鸟安全地洗澡 → p76

面部

鼻子

鼻孔的外露程度，是区分不同鸟种的关键。虎皮鹦鹉等栖息在干燥地区的鸟类，鼻孔外露；而桃脸牡丹鹦鹉等栖息在多雨环境中的品种，鼻孔不外露。

鼻孔外露

鼻孔不外露

冠羽

长在头顶的长羽毛，仅见于凤头鹦鹉科。冠羽会随着情绪而发生竖立等变化。

耳羽

鹦鹉的耳朵是位于眼睛下方的小孔，没有耳廓，覆盖有羽毛，因此从外面很难看见。

眼睛

鹦鹉的视野最高可达330度，眼睛位于面部侧面，微微凸起，因此视野十分开阔。

为躲避敌人而特化

眼睛位于两侧

视野开阔便于逃离敌人的追捕。不过，虽然单眼的全视野十分开阔，但是双眼重合的视野却十分狭窄，因此，缺乏立体感，对距离的判断能力较弱。鹦鹉、凤头鹦鹉和文鸟都属于此类。

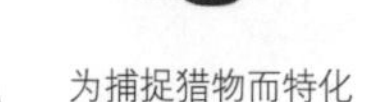

为捕捉猎物而特化

眼睛位于前方

善于追捕逃跑的敌人。虽然单眼的视野十分狭窄，不过双眼重合的视野比鹦鹉开阔，因此可以凭借立体视觉正确地判断距离。猛禽类就属于此类。

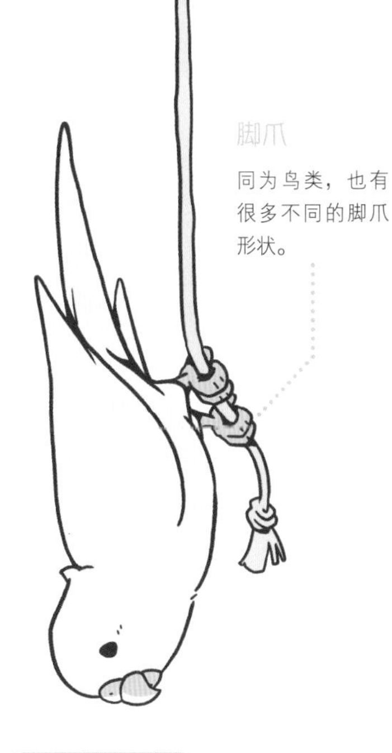

脚爪

同为鸟类，也有很多不同的脚爪形状。

对趾型足（右脚）

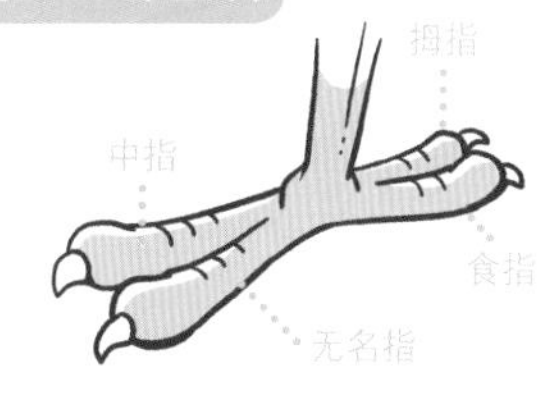

鹦鹉和凤头鹦鹉有四个脚爪，两趾在前，两趾在后，善于抓取饲料和抓握树枝。

常态足（右脚）

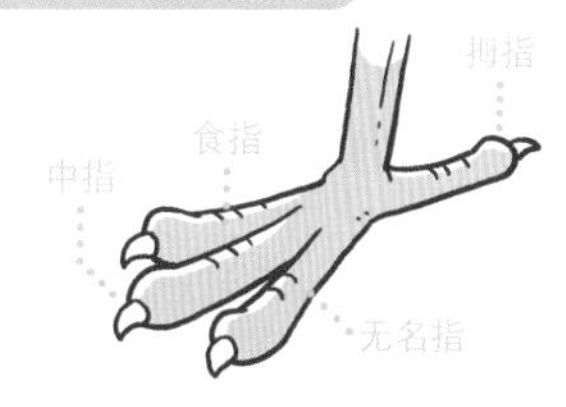

文鸟和斑胸草雀三趾向前，一趾向后。它们虽然可以停在枝头，抓握物品，但无法像人类的手或鹦鹉的脚爪一样，抓着饲料进食。

走路方式也不一样哦！

你们知道虎皮鹦鹉和文鸟的脚不一样吗？

虎皮鹦鹉为对趾型足，文鸟为常态足。
对趾型足
常态足

走路方式也不一样。

一步一步走

蹦
蹦

虎皮鹦鹉是一步一步地走路，而文鸟则是一蹦一蹦地走路。

乌鸦和斑鸫既能一步一步地走，也能一蹦一蹦地走路。
有机会请仔细地观察一下吧！

消化系统

鸟喙

鸟类没有牙齿，取而代之的是由坚硬的角质（蛋白质）构成的喙，适合啃咬、撕碎、啄食坚硬的物品。

舌头

鹦鹉的舌头厚而干燥。吸蜜鹦鹉科（→p12）的舌头呈刷子状，文鸟的舌头细长，这种构造都能方便它们进食。

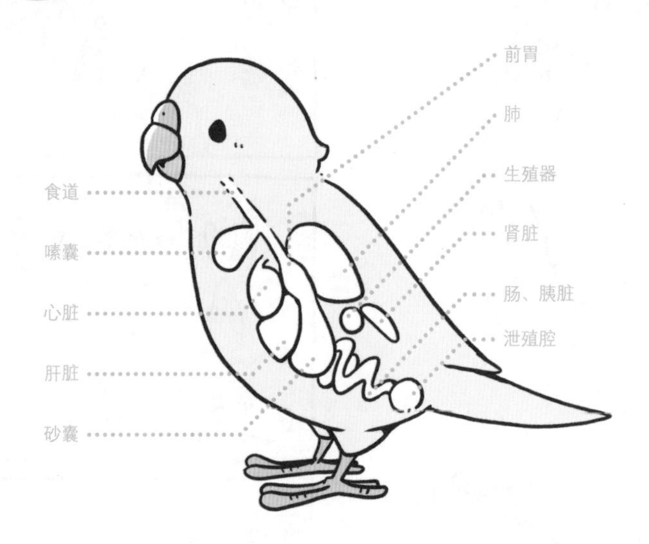

食道

供饲料通过的肌性管道，有可以分泌黏膜的腺体。

嗉囊

嗉囊是位于食道中部的袋状器官，用于储存、保温和软化食物。

前胃

第一个胃。分泌可以分解蛋白质的胃酸，与饲料混合后，再将其送至下一个胃（砂囊）。

砂囊

第二个胃。利用沙粒状物质将混合着胃酸的饲料碾碎。

小肠

小肠可以分泌由胰脏和肝脏生成的消化液，进一步消化从胃中送过来的食物，并吸收营养。

大肠

吸收食物的水分。鸟类的大肠不存留排泄物，比哺乳动物的大肠短。

胰脏

分泌可以消化蛋白质、碳水化合物、脂类的酶，帮助消化。

肝脏

生成消化脂肪的酶，储存营养，并对有害物质进行解毒和分解。

泄殖腔

位于屁股处的肛门内侧的腔室，与肠道、尿道、输卵管（输精管）相连。

鸟类是昼行性生物

鸟类是白天活动，夜晚睡觉的昼行性动物。要想在明亮的阳光下辨别物体，视觉是最有效的。因此，鸟类在进化过程中，视觉才会变成五感中最为发达的一项。

鸟类的动态视力非常优秀，我们哺乳动物根本无法与之匹敌。另外，它们的颜色识别能力也很强，甚至可以识别三原色和紫外线。鹦鹉之所以羽色丰富，可能就是因为它们能够很好地辨别颜色吧。

为了适应生存，除了视觉之外，鸟类的其他感觉器官也很发达。

视觉

鸟类的视力可达人类的5～8倍。视野开阔，既可以看到近处，也可以看到远处。它还可以识别三原色和紫外线。

听觉

听力频率范围在200～10000赫兹左右。可以通过移动头部来锁定音源位置。虽然它们的听力频率范围比人类狭窄，不过更加敏锐。

嗅觉

据说鸟类的嗅觉其实并不发达，不过有些鸟类喜欢有味道的饲料，因此它们应该可以感知到味道上的差异。

味觉

鸟类感知味道的味蕾数量比人类要少，因此不太挑剔饲料的味道。鸟类大多喜好甜味，讨厌苦味。

触觉

鸟类可以敏感地察觉到压力、速度、振动，不过对温度、疼痛等的反应稍微迟钝。鸟类的鸟喙也有很好的感知能力。

观察鸟类的成长阶段

小型鹦鹉（虎皮鹦鹉）	孵化后35天前
中型鹦鹉（绿颊锥尾鹦鹉）	孵化后50天前
大型鹦鹉（非洲灰鹦鹉）	孵化后6个月前
文鸟	孵化后25天前

雏鸟

孵化→独立进食

- 刚出生的雏鸟身上没有羽毛，眼睛还未睁开。
- 羽毛长齐、自行离巢之后，让雏鸟慢慢适应人类的存在。
- 雏鸟无法调节体温，请主人注意保温。

幼鸟

小型鹦鹉	约35天～3个月	大型鹦鹉	约6个月～1岁半
中型鹦鹉	约50天～6个月	文鸟	约25天～4个月

独立进食～雏鸟换羽

- 鹦鹉可以独立进食，进而萌生出自我意识，有的还会表现出逆反心理。
- 照料时要给予幼鸟更多的关爱，还需注意保温。
- 幼鸟独立进食后，可以通过练习站上栖木等，让它开始习惯成鸟用的鸟笼。

第一次叛逆期

这个阶段的鹦鹉开始萌生自我意识，想从依赖主人的状态中独立，因此会拒绝主人的帮助。

根据生长阶段合理地照料宠物鸟

主人如果一直都将宠物鸟视为惹人怜爱的宝贝，可能会不自觉地将它当成不会长大的孩子。不过，鸟类和人类一样，也会经历雏鸟阶段、幼鸟阶段、成鸟阶段，最后迎来老年时期，随着年龄的增长，宠物鸟身心也会逐渐成长、成熟。

当然，主人还需要根据爱鸟的成长阶段，选择适合的食品、玩耍方式和照料方法。

为了丰富爱鸟的生活，重点是了解爱鸟现在所处的成长阶段，以及未来的成长过程。

亚成鸟

小型鹦鹉	约3~8个月	大型鹦鹉	约1岁半~3岁
中型鹦鹉	约6~10个月	文鸟	约4~6个月

雏鸟换羽→性成熟

- 完成社会化训练的时期。与人类之间的关系从亲子过渡为伴侣。
- 主人要让爱鸟与其他鸟类和人类培养感情，并教导它出笼玩耍的时间、不可以进入的地方等家规。
- 通过去医院看病等让宠物鸟习惯外出。

成鸟

小型鹦鹉	约8个月~4岁	大型鹦鹉	约3~15岁
中型鹦鹉	约10个月~6岁	文鸟	约6个月~3岁

适合繁殖的时期

- 刚刚性成熟的鹦鹉还无法保持身心平衡，可能会出现叛逆行为。
- 这个阶段的鹦鹉活力满满，主人要注意引导它们进行活动性的游戏。
- 鹦鹉在这个阶段想与伴侣产生亲密关系，如果主人没有繁殖的打算，请抑制它们发情的频率。

第二次叛逆期

相当于人类的青春期。

既想与主人撒娇，又不想被管束，复杂的心情混杂在一起。

壮年鸟

小型鹦鹉	约4~6岁	大型鹦鹉	15~30岁
中型鹦鹉	约6~12岁	文鸟	约3~6岁

精神稳定的成熟期

- 虽然具有繁殖能力，但容易出现繁殖障碍。
- 容易出现生活习惯病(代谢综合征)。
- 为了避免鹦鹉待在笼内感到无聊，可以让它们进行觅食游戏(→p97)等活动。

老鸟

小型鹦鹉	约8岁	大型鹦鹉	约30岁
中型鹦鹉	约12岁	文鸟	约6岁

开始衰老的时期

- 运动能力以及身体机能衰退。
- 不再喜欢变化，因此请让它们过规律的生活。
- 移动鸟笼会给它们带来压力，请多留意。

在雏鸟出生前要做什么准备

隔着鸟笼见面

让两只鹦鹉隔着鸟笼见面，如果没问题就可以合笼饲养。配对成功后，它们会在发情时进行交配。之后，雌鸟会频繁地进入巢箱准备产卵。

需准备的物品

❑ 鸟笼

选择大尺寸的鸟笼，留出放巢箱的空间。

❑ 巢箱垫材

准备一些可以用在巢箱内的草垫、植物纤维、报纸等。细纤维有时会缠在鹦鹉的脚上，请主人多加留意。

❑ 饲料和水

为鹦鹉提供可以促进发情的高热量、高蛋白质的饲料。维生素和钙也不能少哦！

❑ 巢箱

根据鹦鹉的体形选择巢穴，打孔后用铁丝等将其固定在鸟笼上。

固定巢箱时，请注意高度，需保证鹦鹉可以在巢箱上交配。

慎重对待宠物鸟繁殖

请主人学会必要的知识，做好风险防范和心理准备后，再让宠物鸟进行繁殖。

●鹦鹉和凤头鹦鹉最理想的繁殖期是春季或秋季，文鸟则为秋季。

●必须做完健康检查后再进行繁殖。

●请务必多留意雌鸟在产卵到育雏期间的营养管理。准备充足的补钙用品（贝壳粉等），不要与饲料放在同一个容器内，充分满足鹦鹉的补钙需求。另外，请提供补充维生素D的营养品。

●虎皮鹦鹉一次繁殖可以产下5～6个蛋，因此先考虑清楚自己能否对所有的生命负责。

雌鸟会持续孵蛋直到雏鸟破壳，雄鸟也会帮忙孵蛋。

雄鸟会帮雌鸟将饲料送到巢箱，或反刍吐料喂给雌鸟。

在巢箱内孵蛋

交配1周后，鹦鹉隔天（文鸟则是每天）会产下1个蛋，一共会产卵5个左右。雌鸟会在巢箱内孵蛋。人类只需要照料饮食，更换笼内的垫纸即可。

宠物鸟难产怎么办?

如果雌鸟的腹部变硬后2天，还蹲在巢箱外面，可能出现了挟蛋症(难产)。请尽快前往医院就医。

孵卵→育雏

孵化所需时间

虎皮鹦鹉	约20天
玄凤鹦鹉	约23天
情侣鹦鹉	约23天
文鸟	约16天

鹦鹉的孵化时间为20～23天

雏鸟会按照产卵顺序破壳而出。雌鸟会一边继续孵化尚未孵出的蛋，一边通过反刍哺育雏鸟。请让笼内的温度保持在28～30℃，湿度保持在60%～70%（雏鸟孵化后需提高湿度），并为鸟妈妈提供营养均衡的饲料。

育雏

养育雏鸟的方式

雏鸟离开巢箱后，要让它们适应人类的存在

将照料雏鸟的工作交给亲鸟，主人保持关注即可。如果太早就将雏鸟拿出巢箱，会导致成它们未来的抗压能力变弱，或无法顺利地与主人沟通。

雏鸟离巢前的喂食基本由亲鸟负责。如果雏鸟的父母都亲近人类，可以等到雏鸟快出巢时再与人类接触。如果雏鸟的父母放弃养育雏鸟，则需要主人亲自喂食雏鸟。将离巢的雏鸟全都转移到育雏用的塑料盒内，拆除笼内的巢箱。为了防止亲鸟继续繁殖，请将雌鸟和雄鸟分笼饲养。

雏鸟的生长
以玄凤鹦鹉为例

第2～4天

刚出生的雏鸟身上没有羽毛，眼睛还未睁开。

第12～14天

1周左右，眼睛会睁开，2周左右会长出绒毛。羽毛的颜色也渐渐明朗了。

第21～30天

外形接近成鸟状态，如果想让宠物鸟上手，就要从这个阶段开始让它适应人类的存在。

长到这个阶段，主人就可以人工喂食了。

雏鸟的鸟笼内布局
加湿器
同保温一样，保湿也非常重要。除了放置加湿器，还可以在箱子附近放上湿毛巾。
塑料盒
推荐把保温效果好的塑料盒当作鸟笼。
26.C
加热器
将加热器放在鸟笼外侧，以免直接接触而灼伤雏鸟。
垫材（厨房用纸）
将厨房用纸撕碎，铺在底部，一旦出现脏污请马上更换。
温湿度计
笼内和笼外有温度差，因此，请务必将其放在笼内。

注意

保温最重要

饲养雏鸟最重要的一点就是保温。尚未长齐羽毛的雏鸟保温能力较弱，因此，需要将它们放在塑料盒而非笼内饲养。同时还要使用保温用品，让塑料盒内的温度维持在 28～30℃的适宜温度。

除了吃饭，其他时间都在睡觉

雏鸟即使离巢后，除了吃饭外，其他大部分时间都是在睡眠中度过的。充足的睡眠才能保证雏鸟的健康成长。原则上，主人除了喂食外，不可以接触雏鸟。不过主人需要在喂食时确认雏鸟是否有食欲、嗉囊（位于胸前，进食后会膨胀）的状态、健康情况，以及身体是否有脏污。

抚育雏鸟时，必须掌握人工喂食技巧

人工喂食雏鸟的方法

抚育雏鸟的时候，亲鸟会将自己吃掉的食物反刍后喂给雏鸟。雏鸟离巢后，主人需要代替亲鸟进行人工喂食。

以前会用一种名为"蛋小米（小米与蛋黄混合而成）"的自制饲料来喂食雏鸟。现在市面上有成品蛋小米出售，不过营养并不均衡，不推荐购买。推荐主人从值得信赖的厂商处购买营养均衡的粉状饲料（鸟奶粉）。

如果继续喂食，嗉囊内仍残留着上一餐的饲料，容易导致嗉囊阻塞（→p178），因此请称量体重后再进行喂食。

喂食方式

1. **称量体重**
2. **人工喂食**

将饲料放入喂食用的汤勺内，伸到鸟喙边。雏鸟就会自行进食。

用温度计测温，保证泥状饲料的温度维持在40℃。如果饲料太凉，雏鸟会拒绝食用，太烫又可能会伤到嗉囊。

每次喂食，请喂到嗉囊饱满为止。进食后胸前膨胀起来的部位就是嗉囊。

3. **称量体重**
4. **记录人工喂食的时间和体重**

人工喂食的方法

雏鸟的体质不同，适合的饲料也不同，因此请主人带其接受健康检查并咨询兽医的意见。如果没有不得已的原因，请尽量选择粉状饲料。

◎ 粉状饲料

粉状饲料含有雏鸟健康所必需的均衡的营养元素，因此雏鸟只吃粉状饲料就能健康成长。饲料呈粉状，因此用热水溶解后喂食即可。

○ 粉状饲料＋去壳小米

将去壳小米与泡开的粉状饲料混合制作而成。请咨询兽医后再决定配比。

人工喂食的次数 ＊根据雏鸟的状态而变化。

出生后	次数
出生后10～20天	1天10～12次
出生后21～28天	1天4～6次
出生后29～35天	1天2～3次

孵化后1个月左右，引导雏鸟自行进食

小型鹦鹉孵化1个月后，主人就应训练它断奶并学会自行进食。不要贸然停止人工喂食，可以在塑料盒内撒一些种子粮或滋养丸，并减少人工喂食的次数。如果宠物鸟吃掉了一些种子粮或滋养丸，就逐渐减少人工喂食的次数。次日早晨，请需确认它的体重是否降低。如果存在体重降低的情况，应增加人工喂食的分量。直到即使不进行人工喂食，雏鸟也愿意吃掉成鸟用饲料，就表示断奶完成。

不过，断奶的过程可能会不顺利。出现这种情况时，请咨询医生。

断奶准备

① 准备水槽

开始断奶时，请在塑料盒内为雏鸟准备水槽。

② 摆放矮一些的栖木

准备一些矮栖木，让鹦鹉练习如何站上栖木。这样可以帮助雏鸟独立。

带着宠物鸟去散步

按照宠物鸟的需求去散步

有些宠物鸟喜欢散步，有些则不喜欢，不必勉强。散步时，把安全放在第一位，别忘了爱鸟的生命离不开主人的保护。

主人还要特别留意传染病和植物中毒。

先从附近开始

不要贸然挑战远行，先在附近走一走或到公园看一看，从短时间、短距离开始尝试吧。

一定要把宠物鸟放在外出笼内

无论宠物鸟多么亲人，外出时也绝对不能让它离开外出笼。

关注天气状况

不要选择太热或太冷的天气去散步。

注意农药和可能引起中毒的植物

对于鸟类而言，很多植物都是危险的。主人要时刻留意，避免宠物鸟在外面误食植物。

小心野鸟的粪便

野鸟的粪便可能会传染禽流感或鹦鹉热等传染病。散步时请注意不要让宠物鸟接触粪便。

最好不要使用放飞绳或牵引绳

有一些主人会为大型鸟类佩戴宠物放飞绳或牵引绳，将它们放出笼散步。不过，宠物鸟受惊突然起飞时，这些产品可能会让它受伤，请多多留意。

关于鸟类，想必你有很多想问的问题吧。
下面我会为大家介绍 5 个鸟类基础常识！

鸟类在野外是怎么生活的？

结群生活

小型鹦鹉（虎皮鹦鹉）容易遭遇天敌的袭击，因此经常成群结队地一起活动，而大型鹦鹉白天会多只一起活动，晚上则聚集在一起睡觉。鹦鹉的同伴之间会通过鸣唱（→p131）进行交流。

鸟群中有头领吗？

伴侣关系最为重要

鹦鹉之间并无主仆关系，群居生活中也不分地位高低，只有伴侣这种横向关系。鹦鹉会依据自己的喜欢程度，来决定对方在自己心中的地位。

鸟类是由雌性负责照料雏鸟吗？

雌鸟与雄鸟共同照料雏鸟

雌鸟和雄鸟共同照料雏鸟，这是鸟类的特征。虽然负责产卵的是雌鸟，不过，从孵蛋到反刍喂食雏鸟，雌鸟和雄鸟都会怀着满满的爱意共同照料雏鸟。

鹦鹉是一夫一妻制吗？

在伴侣去世前会只爱对方

鹦鹉只会和非常喜欢的对象结为伴侣，属于一夫一妻制。基本上不会每次繁殖都更换配偶，不过有些鹦鹉也很花心，如雄性虎皮鹦鹉。另外，当雌性折衷鹦鹉产卵、孵卵时，可能会有多只雄性鹦鹉送来饲料。

我们是长寿的动物，请充分了解寿命后再带我们回家哦。

鹦鹉究竟有多长寿？

一些老寿星寿命甚至可以超过 100 岁

虎皮鹦鹉等小型鹦鹉的平均寿命为10岁左右。不过非洲灰鹦鹉等大型鹦鹉的寿命即使超过50岁也不罕见。有些金刚鹦鹉的寿命甚至会超过100岁。

BIRDSTORY'S STORY

宠物鸟的魅力

我认为，鸟类的魅力就在于让我感到『心意相通』的瞬间。

我与猫、狗都一起生活过，不过与鸟类『心意相通』的瞬间尤为不同。

鸟类的眼睛长在侧面，它歪着头摆出可爱的姿势，与你对视的瞬间。

准备放它出来，一靠近鸟笼，它就会开始做热身运动，仿佛在说『我准备好了』的瞬间。

出笼玩耍时，它仿佛大喊着『主人』并竭尽全力飞过来的瞬间。

停在洗澡的容器上，要求我为它洗澡的瞬间。

希望以后我也能拥有与鸟儿更多有爱的瞬间。

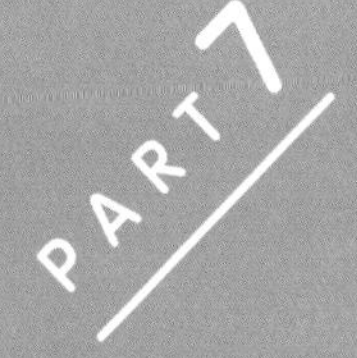

鹦鹉的病历本

身为主人，

都希望自己心爱的宝贝可以健康长寿。

因此，主人需要掌握鸟儿的健康检查、疾病护理以及受伤时的应急处理等相关知识。

毕竟主人有守护爱鸟健康的义务。

带爱鸟去医院接受健康检查

守护爱鸟的健康

与人类的健康检查相似，鸟类也可以通过多项检查判断出健康状况。

主人可以通过健康检查，了解爱鸟的身体状况，尤其是及早发现疾病。最好每年带爱鸟接受2～3次的健康检查。不同鸟种和年龄的宠物鸟需要检查的项目不同，请咨询兽医后再做决定。

在选择医院时，请选择诊疗最为耐心的一家！因为主人需要将爱鸟的健康托付给他们，所以请寻找一家专业知识、技术、设备都可以信赖的医院。

需要接受哪些检查?

需要接受的基本检查如下所示。
请咨询兽医的意见后再决定具体的检查项目。

【每年的定期健康检查】

- ☐ 身体检查
- ☐ 粪便检查
- ☐ 嗉囊检查
- ☐ 部分传染病检查（鹦鹉热等）

【带新宠物鸟回家时】

- ☐ 身体检查
- ☐ 嗉囊检查
- ☐ 粪便检查
- ☐ 传染病检查

小型和中型品种：鹦鹉喙羽症、虎皮鹦鹉掉羽症、鹦鹉热等
大型品种：鹦鹉喙羽症、虎皮鹦鹉掉羽症、鹦鹉热、疱疹病毒等
文鸟：鹦鹉热等

【随着年龄增长需要追加的检查】

- ☐ X光检查
- ☐ 血液检查

随着年龄增长，内脏机能会下降，因此需要追加X光检查和血液检查。

根据爱鸟的年龄，为它
安排适合的健康检查。

健康检查的流程

① 预约

鸟类医院大多为预约制，具体检查项目请提前咨询医生！鸟主人还需要提前确认好需要携带的物品，如多日的粪便等。另外，记得提前将费用确认清楚。

② 当天前往医院

携带照料记录单（→p190）和医院的指定检查所需物品（粪便或尿液等）前往医院。

由平时负责照料宠物鸟的人带着前往医院

接受医生的询问是主人的责任。为了能够准确说明鹦鹉的健康状况，请平时负责照料它的人带着前往医院。

③ 询问检查结果，回家

根据检查结果，有时需要领取药物。请认真请教医生药品的名称、用途和喂药方法。

医院是个什么样的地方？

很多宠物鸟都讨厌医生。
我讨厌医生！
我也是。

不过，医生是很常重要的人哦。
他们会在我们身体不适时为我们治病。

嗯嗯
嗯嗯
还会仔细告诉主人与我们有关的知识。

所以，大家要乖乖地努力配合医生哦！
好的！

检查内容

问诊

由主人代替宠物鸟说明它们的健康状况。如果主人对宠物鸟身上的某些变化很在意，哪怕它很不起眼，也要当场询问清楚。

身体检查

身体检查需要进行视诊、触诊和听诊。如果鹦鹉习惯被固定，过程会很顺利。另外，能否正确地固定宠物鸟，是兽医值得信赖的条件之一。

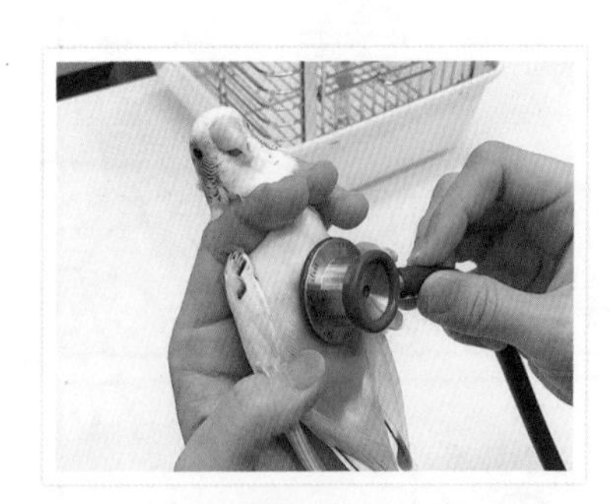

医生通过听诊器确认心音和呼吸音，检查是否有异常的声音。

诊断结果　心脏、肺部异常等

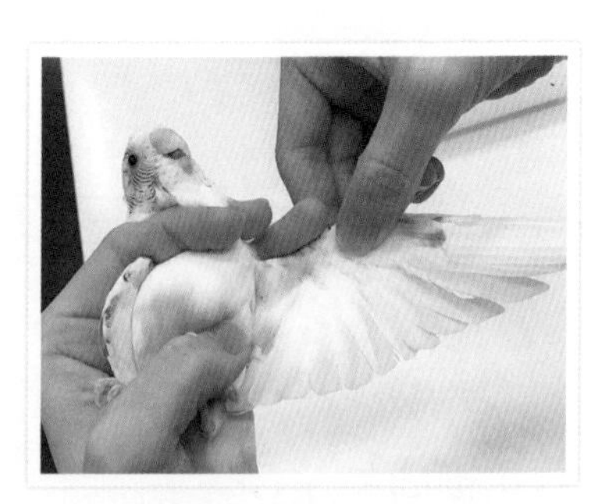

直接触摸鹦鹉的身体，检查是否异常。

诊断结果　身体肿胀、羽毛异常、骨骼、脚爪异常和肥胖程度等

嗉囊检查

用专用的工具采集嗉囊液，通过显微镜进行检查。

诊断结果　细菌、真菌、寄生虫、炎症

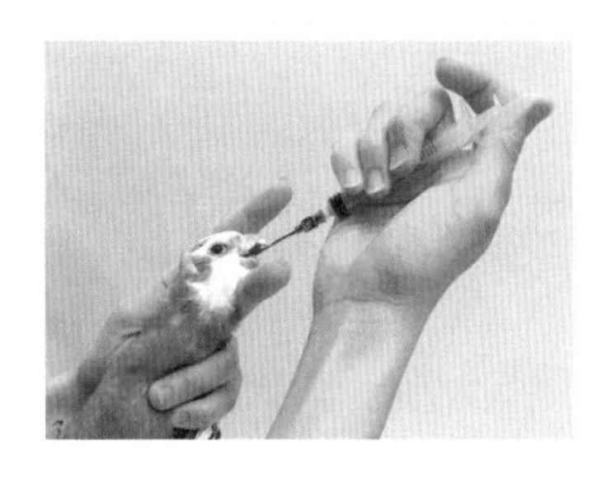

X光检查

固定宠物鸟拍摄X光片。确认骨骼、呼吸器官、甲状腺和肝脏等内脏的尺寸和形状是否异常。

诊断结果　骨骼异常、内脏疾病等

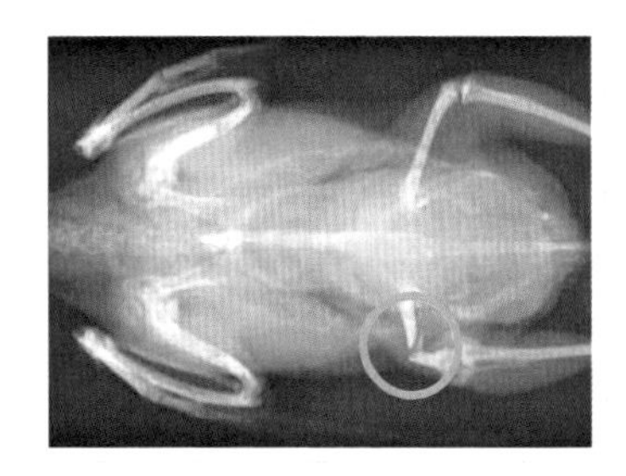

虎皮鹦鹉的右大腿骨骨折

粪便检查

用显微镜检查新鲜粪便。请提前向医院确认粪便的携带方法。

诊断结果　细菌、真菌、寄生虫、消化状况

传染病检查

采集粪便和血液，调查病原体的基因，检查有无传染病。

诊断结果　鹦鹉喙羽症、虎皮鹦鹉掉羽症、鹦鹉热等

先请兽医为宠物鸟确认健康状况，再与兽医探讨应该检查哪种传染病。

血液检查

采集血液，检查血细胞的状态和内脏是否存在异常。

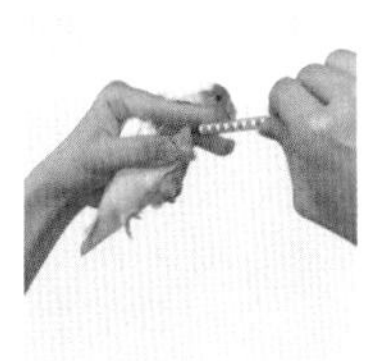

诊断结果

贫血、内脏疾病、代谢性疾病等

每天的健康检查

平时也要仔细观察！

野生状态下的鸟类是被攻击的一方，也就是被捕食的动物。如果被敌人发现身体不适，被纳入攻击目标的危险就会增加，因此，即使它们的身体不适，也会尽力隐藏。处于饲养状态下的小鸟也会出现同样的情况。在主人发现它们的身体状况很糟糕时，它们的病情往往已经很严重了。

重点在于能第一时间发现宠物鸟的异常。为此，主人需要提前了解它们的健康状况。请主人每天为爱鸟称量体重，并且在触摸身体进行亲密接触的同时，为它们检查排泄物和身体状况。

如果发现宠物鸟的状态与平时不同，千万不要“暂时观察”，请马上带它前往医院就诊。最好到平时做定期体检的医院，那里的兽医更了解它健康时的状况，更让人放心。另外，请为爱鸟每年安排2～3次健康检查，以期能在第一时间发现疾病。

 异常的尿液

❑ 多尿
（水分过多）

饮水量过多或疑似患有糖尿病、肾病等疾病

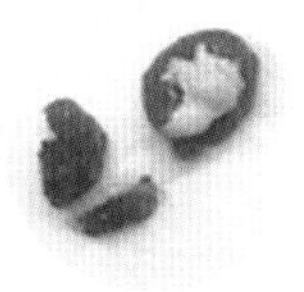

❑ 呈黄色
（尿酸为黄色）

肝病或溶血性疾病

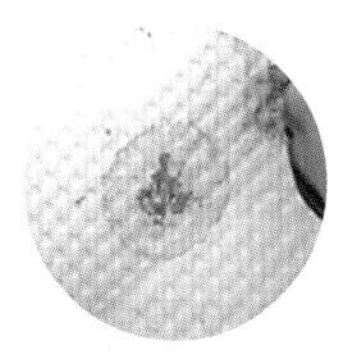

❑ 呈绿色
（尿酸为绿色）

黄尿症状加剧后的颜色

✕ 异常的粪便

❑ 颗粒状粪便
（种子粮未完全消化直接排出）

胃部机能低下

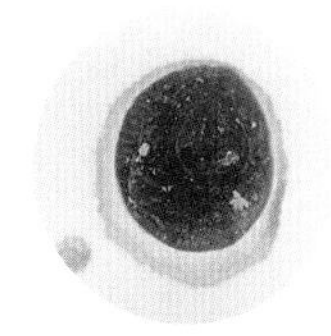

❑ 血便

肠道、生殖器和泄殖腔疾病

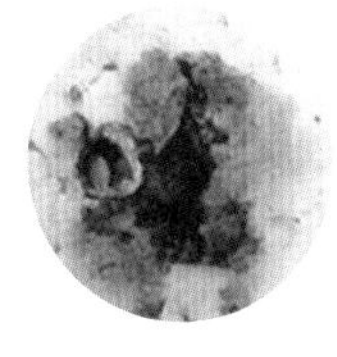

❑ 呈祖母绿色

金属中毒

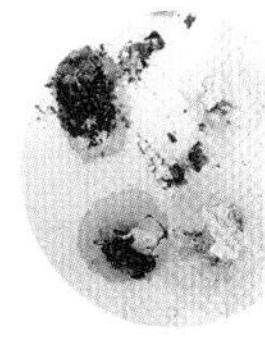

❑ 呈焦茶色、黑色

胃或十二指肠出血

❑ 呈白色

胰脏疾病

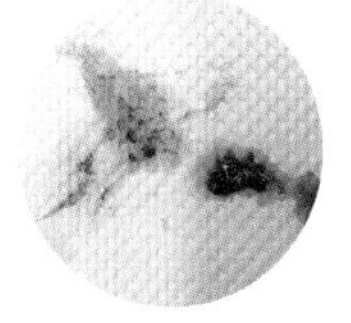

❑ 呈绿色泥状

绝食状态

眼鼻周围潮湿、肿胀

- 传染病
  （鹦鹉热、微浆菌症）
- 鼻炎、副鼻腔炎
- 眼睛疾病
- 受伤　等

鸟喙异常

鸟喙呈紫色

- 肺炎、气囊炎
- 心脏疾病、动脉硬化
- 甲状腺肿大
- 天气太冷　等

鸟喙过长、内出血

- 传染病（鹦鹉喙羽症、虎皮鹦鹉掉羽症）
- 肝炎、脂肪肝
- 鼻炎、副鼻腔炎
- 咬合不正
- 受伤　等

出现白色痂皮

- 疥癣症

趾甲异常

趾甲过长

- 栖木不合脚
  （→ p49）等

内出血、趾甲脆弱

- 肝脏疾病 等

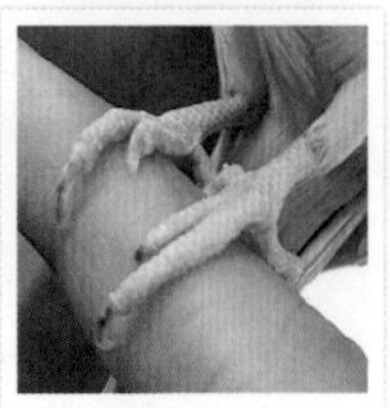

趾甲内出血

面部羽毛脏污

- [ ] 外耳炎

由外耳炎引起的耳羽脏污

身体检查

主要疾病的说明在 p178

羽毛异常

成鸟后，羽毛的颜色出现变化

虎皮鹦鹉的羽毛颜色由浅蓝色变为白色。

羽毛品质变差

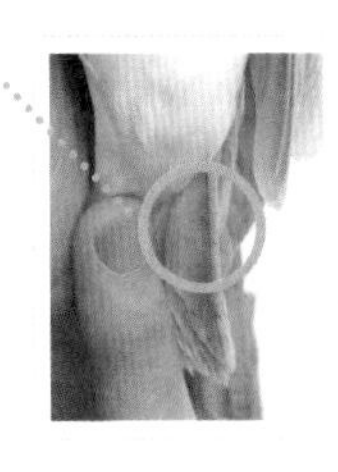

- [ ] 压力纹（尾羽长出的横线）
- [ ] 飞羽稀疏
- [ ] 绒羽过长（绒羽是长在靠近皮肤处的纤细羽毛）

脱毛

- [ ] 传染病
- [ ] 肝脏疾病
- [ ] 甲状腺疾病

其他

- [ ] 营养失衡
- [ ] 损伤羽毛的行为（拔毛症、咬毛症、自咬症）
- [ ] 皮肤疾病等

腹部肿胀

→ p174

可以从症状判断的疾病

鹦鹉出现的一些行为，可能是因为它生病了

即使身体不适，宠物鸟也无法告诉主人“我的蛋卡住了，肚子好痛啊”。因此，主人的责任就是及时发现它们身体不适。

主人不了解专业知识也没关系，只要发现爱鸟出现反常行为、生病时才会出现的动作或身体的变化，就可以带它去看医生。到达医院后，兽医自然会为它诊断。

最忌讳的就是过于乐观地看待爱鸟的异常状况。主人在观望的时候，爱鸟的病症可能正在进一步恶化。接近过度保护的状态才是正确的做法。

如果发现以下症状，请马上前往医院！

- 粪便发黑
- 粪便呈祖母绿色
- 不排便
- 恶心不止
- 呼吸急促
- 痉挛不止
- 肛门排出异物
- 眩晕、腿脚无力
- 鸟喙颜色过浅，或呈紫色
- 一直蹲在地板上

多种疾病的病情恶化时，都会导致宠物鸟呈蹲伏状态，请立刻带它前往医院就医。

呕吐

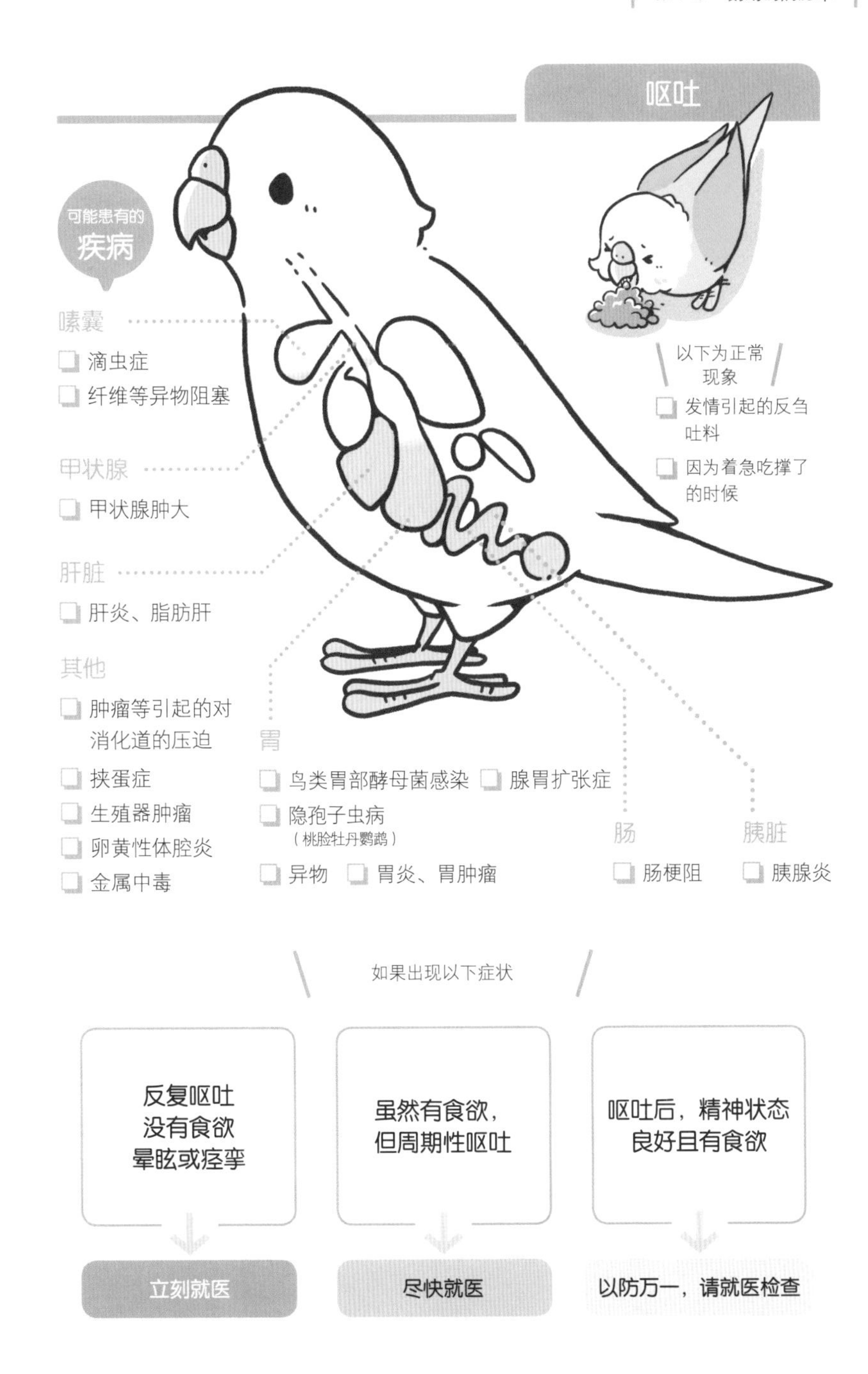

可能患有的
疾病
嗉囊
滴虫症
纤维等异物阻塞
甲状腺
甲状腺肿大
肝脏
肝炎、脂肪肝
其他
肿瘤等引起的对消化道的压迫
挟蛋症
生殖器肿瘤
卵黄性体腔炎
金属中毒
胃
鸟类胃部酵母菌感染
腺胃扩张症
隐孢子虫病
（桃脸牡丹鹦鹉）
异物
胃炎、胃肿瘤
肠
肠梗阻
胰脏
胰腺炎
以下为正常现象
发情引起的反刍吐料
因为着急吃撑了的时候
如果出现以下症状
反复呕吐
没有食欲
晕眩或痉挛
立刻就医
虽然有食欲，
但周期性呕吐
尽快就医
呕吐后，精神状态良好且有食欲
以防万一，请就医检查

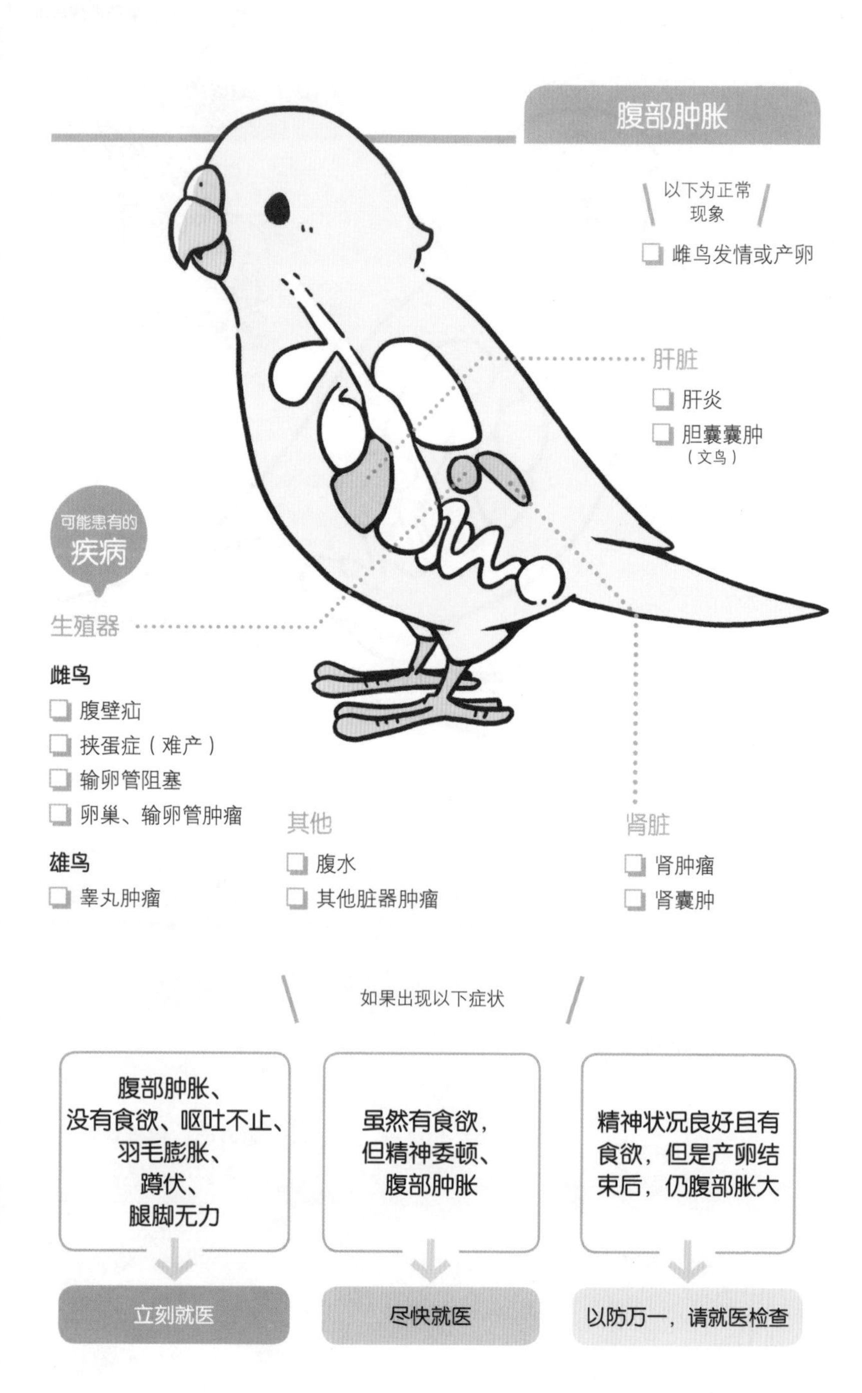

腹部肿胀
以下为正常现象
雌鸟发情或产卵
肝脏
肝炎
胆囊囊肿
（文鸟）
可能患有的
疾病
生殖器
雌鸟
腹壁疝
挟蛋症（难产）
输卵管阻塞
卵巢、输卵管肿瘤
雄鸟
睾丸肿瘤
其他
腹水
其他脏器肿瘤
肾脏
肾肿瘤
肾囊肿
如果出现以下症状
腹部肿胀、没有食欲、呕吐不止、羽毛膨胀、蹲伏、腿脚无力
立刻就医
虽然有食欲，但精神委顿、腹部肿胀
尽快就医
精神状况良好且有食欲，但是产卵结束后，仍腹部胀大
以防万一，请就医检查

拖着腿走路、高抬腿

如果出现以下症状

脚爪肿胀 高抬腿、不愿站在栖木上 精神委顿、食欲不振 其他异常症状	高抬腿，但可以抓握栖木 精神、食欲良好
立刻就医	以防万一，请就医检查

大量饮水、尿量增加

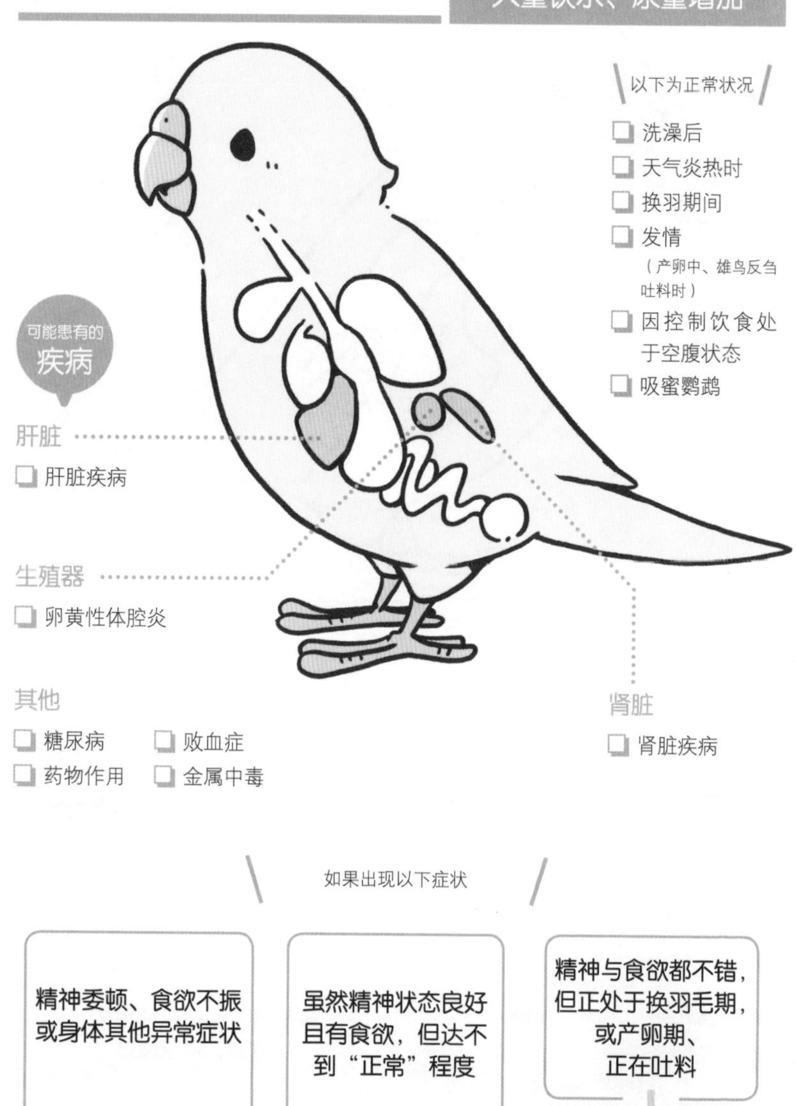

如果出现以下症状

精神委顿、食欲不振或身体其他异常症状	虽然精神状态良好且有食欲，但达不到“正常”程度	精神与食欲都不错，但正处于换羽毛期，或产卵期、正在吐料
↓	↓	↓
立刻就医	尽快就医	如果未处在换羽期、产卵期，并且已调节过温度，但尿量仍然偏多，以防万一，请就医检查。

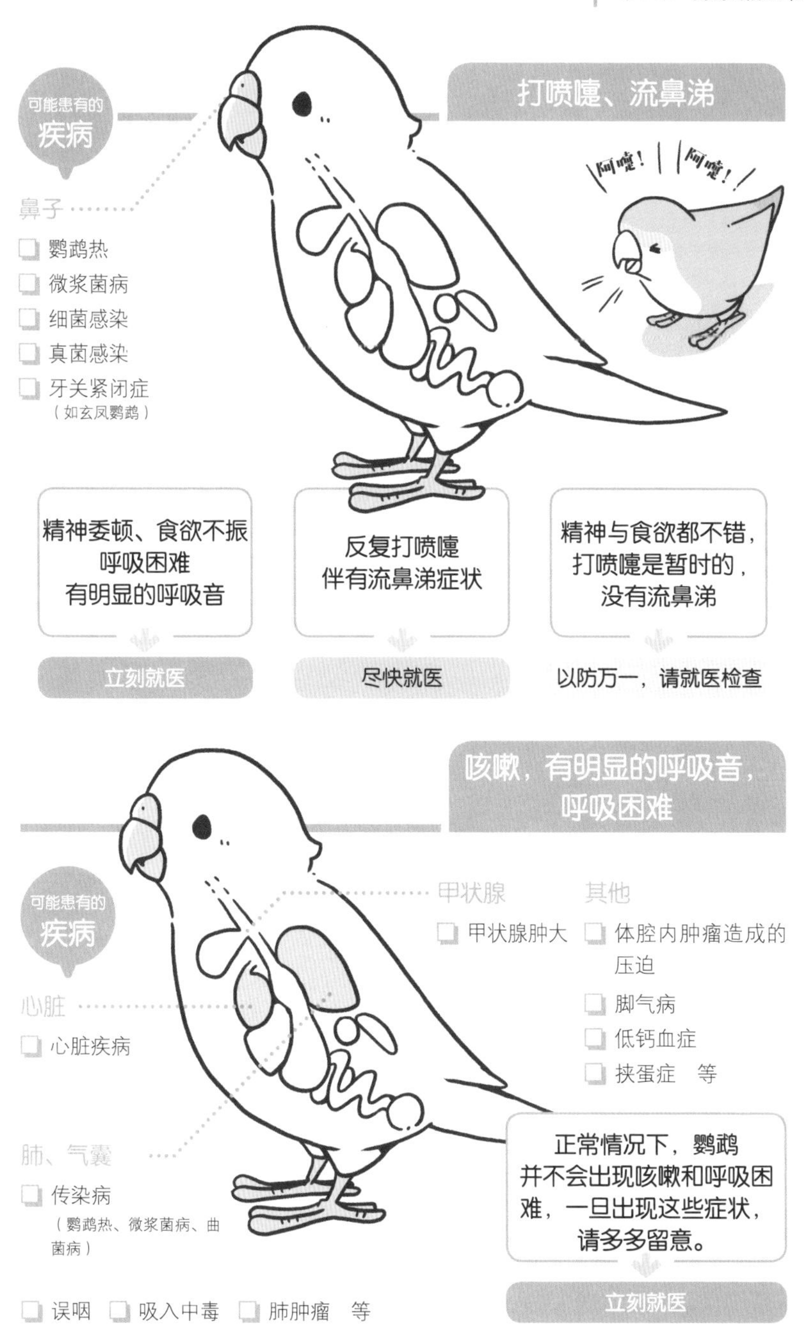

打喷嚏、流鼻涕
可能患有的疾病
鼻子
鹦鹉热
微浆菌病
细菌感染
真菌感染
牙关紧闭症
（如玄凤鹦鹉）
阿嚏！
阿嚏！
精神委顿、食欲不振
呼吸困难
有明显的呼吸音
立刻就医
反复打喷嚏
伴有流鼻涕症状
尽快就医
精神与食欲都不错，
打喷嚏是暂时的，
没有流鼻涕
以防万一，请就医检查
咳嗽，有明显的呼吸音，
呼吸困难
可能患有的疾病
甲状腺
甲状腺肿大
其他
体腔内肿瘤造成的压迫
脚气病
低钙血症
挟蛋症　等
心脏
心脏疾病
肺、气囊
传染病
（鹦鹉热、微浆菌病、曲菌病）
误咽
吸入中毒
肺肿瘤　等
正常情况下，鹦鹉
并不会出现咳嗽和呼吸困
难，一旦出现这些症状，
请多多留意。
立刻就医

主要疾病一览

	病名	症状
由病毒或细菌引起的传染病	鹦鹉喙羽症（PBFD）	引起羽毛变形、掉羽、免疫力低下等症状的病毒性疾病。多在幼鸟阶段发病。通过病鸟的粪便和羽屑传染。
	虎皮鹦鹉掉羽症（BFD）	引起羽毛变形、掉羽的病毒性疾病，也称鸟类多瘤病毒。成鸟感染后大多无明显症状，但可能导致幼鸟猝死。通过病鸟的粪便和羽屑传染。
	禽波纳病毒（ABV）	引起消化系统症状（食欲不振、恶心）或神经症状（痉挛、腿脚无力）的病毒性疾病。潜伏期和传染路径尚不明确。
	鹦鹉热	由衣原体引起的人兽共患传染病，会引起打喷嚏、流鼻涕、呼吸困难等呼吸道症状，也会导致腹泻、尿液颜色的变化（黄色→绿色）。通过唾液、鼻涕、粪便等途径传染。人类感染后会出现类似流感的症状。
	微浆菌症	由微浆菌引起的传染病，会引起呼吸系统症状，如眼睛发红、打喷嚏、流鼻涕、呼吸困难等。可通过接触病鸟的鼻涕等分泌物传播，或空气传播。
	鸟型分枝杆菌传染病	由名为分枝杆菌的细菌引起的传染病，会造成肝脏等脏器、眼周、皮肤上形成肉芽肿。可能会导致人类感染。
	曲霉菌病	曲霉菌是一种空气中普遍存在的真菌（霉菌），鹦鹉传染后会引起呼吸系统症状。免疫力低下也是其发病的原因之一。
	鸟类胃部酵母菌感染	又名AGY症。由一种名为鸟类胃部酵母菌的真菌引起的胃炎，并导致出现食欲不振、呕吐、颗粒状粪便、粪便发黑等症状。广泛流行于虎皮鹦鹉的幼鸟中。
	滴虫症	滴虫是一种寄生虫，感染鸟喙、食道、嗉囊后，会引起鸟儿口腔不适和口腔粘连的症状。病情加剧后，可能导致吞咽困难和面部脓肿。
	梨形鞭毛虫病	梨形鞭毛虫是一种肠道内的寄生虫。成鸟感染后大多无明显症状，部分病鸟会出现腹泻症状。
	疥癣症	疥螨寄生在鸟喙周围和脚爪上形成的白色病变。宠物鸟感觉瘙痒时，会跺脚或啃咬患部。发病原因多为免疫力低下。
消化系统	嗉囊炎	在雏鸟阶段，由于人工喂食的饲料太烫，或喂食用的软管伤到嗉囊引起的疾病。极少见于成鸟。症状为嗉囊发红和食欲不振。
	嗉囊阻塞	饲料和饮用水长期积滞于嗉囊内的状态。幼鸟的患病原因多为不恰当的喂食方式，成鸟患病则可能是由其他疾病引发的。
	胃炎、胃肿瘤	鸟类胃部酵母菌感染、误食有害金属或压力过大都会引发胃炎、胃肿瘤，不过多半致病原因不明。表现为食欲不振、恶心、呕吐、粪便发黑等症状。
	肠梗阻	表现为排泄物中只见尿液，不见粪便。致病因可能是消化道功能失调或结石、寄生虫等阻塞肠道。肠梗阻是一种急症，如果发现排泄物中只有尿液，请马上带它去宠物医院就诊。
	肝炎	多种病原体（分枝杆菌、细菌、病毒等）都会导致肝脏发炎。部分肺炎原因不明。表现为精神萎顿、食欲不振的症状，此外，还会引发鸟喙过长、羽毛颜色变化、趾甲内出血等症状。
	脂肪肝症候群	进食过多的饲料或雌鸟发情过于频繁都会导致肝脏内脂肪堆积。初期无明显症状，不过随着肝功能的减退，一旦出现食欲不振的症状，病情就会迅速恶化。有时也会出现类似肝炎的鸟喙过长的症状。
呼吸系统疾病	鼻炎、副鼻腔炎	因鹦鹉热、微浆菌症和细菌、真菌等的感染引起打喷嚏、流鼻涕的症状。如果出现面部肿胀的症状，可能演变为疑难病。
	肺炎、气囊炎	因鹦鹉热、微浆菌症和细菌、真菌等感染或误咽引起的肺部、气囊发炎。容易导致咳嗽、发不出声音、呼吸困难等症状，属于急症。

分类	疾病	说明
生殖器	**挟蛋症**	指的是过了预产期却仍未产卵的状态。致病因可能为过度产卵、低钙血症、蛋的形状异常等。可能原先毫无症状，却突然恶化。
	输卵管阻塞	蛋的构成物质分泌异常，堆积在输卵管内，导致腹部肿胀。有时会出现精神委顿、食欲不振的症状。
	输卵管炎、体腔炎	输卵管或体腔内发生感染，或蛋的构成物质泄露引起炎症。表现为突然的精神委顿、食欲不振、蹲伏不动等症状。属于急症。
	输卵管脱垂、泄殖腔脱垂	输卵管和泄殖腔翻转后从排泄孔脱出（屁股处红色黏膜脱出）。泄殖腔脱垂常发生于产卵时，多因生殖器肿瘤或发情时被主人不小心踩到引起。属于急症。
	卵巢、输卵管肿瘤	卵巢或输卵管出现肿瘤，导致腹部肿胀。发情过于频繁也是原因之一。常会出现呼吸急促、食欲不振、恶心等症状。如果有腹水堆积在体内，还会伴有咳嗽症状。
	睾丸肿瘤	睾丸出现肿瘤，腹部肿胀。发情过于频繁也是原因之一。常见于虎皮鹦鹉，在腹部肿胀前，大多还会出现蜡膜（鼻子）颜色改变的症状。
	腹壁疝	腹肌破裂，肠和输卵管脱至腹壁皮下，可见腹部肿胀。发情过于频繁、过度产卵也是原因之一。虽然精神和食欲未见异常，但病情一旦恶化，可能导致病鸟无法自行排便。
泌尿系统	**肾功能不全、痛风**	感染、中毒、循环功能不全等原因引起的肾功能减退。肾功能减退会导致尿酸结晶在内脏和关节沉积，引起痛风。关节痛风伴有关节泛白、肿痛的症状。
	肾脏肿瘤	肾脏出现肿瘤，腹部肿胀。常见症状为呼吸急促、高抬腿、腿部麻木。
循环系统	**心脏疾病**	因感染、肝病、肾病、年龄增长等原因引起心脏功能减退的疾病。鸟喙颜色会从粉红色变为紫色，还会出现呼吸困难等症状。一般认为它是鸟类猝死的原因之一。
	动脉硬化	脂类和炎症细胞沉积在动脉壁，阻碍血液流通，加重心脏负担的状态。原因为肥胖或雌鸟发情过于频繁、肝功能不全等。一般认为它是鸟类猝死的原因之一。
代谢和营养疾病	**甲状腺肿大**	缺碘会造成鸟儿甲状腺肿大并压迫周围的组织。表现为咳嗽、气喘、发不出声音、呼吸急促、难以吞咽等症状。
	甲状腺功能减退症	甲状腺素分泌不足引起的换羽不完全、羽毛异常（绒羽过长、变色）、高脂血症等。
	糖尿病	血糖值升高的疾病，常见的症状为多饮、多尿，主人大多因此而发现该病。疑似为胰脏疾病引起，也可能见于肝病等病的并发症。可能出现晕眩或痉挛症状。
	脚气病	多见于只喂食小米球的幼鸟或亚成鸟。由于缺乏维生素B_1，容易引起腿部麻木、痉挛或呼吸急促等症状。
	软骨病	由于缺乏钙、磷、维生素D等营养元素，导致骨骼无法正常发育、生长迟缓等。人工喂食时注意营养均衡是非常重要的。
	雏鸟劈腿（踝骨变形）	遗传、孵化环境、矿物质不足等原因引起的疾病，可令雏鸟双腿张开，无法站立。早期经治疗后大多可以痊愈。
其他	**重金属中毒**	因摄取铅、锌等金属，引起呕吐、溶血、神经障碍、肝功能障碍等症状。属于急症。如果排出祖母绿色的粪便，极有可能是重金属中毒（p169）。
	外耳炎	因感染引起外耳炎症。多见于桃脸牡丹鹦鹉，大多因外耳孔周围的羽毛脏污（p171）而发现。
	损伤羽毛的行为	拔毛、咬毛、自咬（啃咬皮肤）等行为的总称。致病因素可能为疾病，也可能是精神压力。如果是精神方面的因素，一般认为，雏鸟阶段过早与父母、手足分开会导致发病率增高。

紧急情况下的应急处理

冷静应对

无论主人如何预防事故和疾病，都可能遇到疾病突发或出笼玩耍时受伤等意外。如果发生了紧急状况，主人必须为爱鸟做应急处理。做应急处理时，最重要的是下面两点：

- 主人不慌乱。
- 咨询医院的意见。

主人首先要保持冷静，给医院打电话咨询处理方法。如果按照非专业人士的判断进行处理，有可能导致病情恶化，请勿盲目操作。

最好能提前学会p182 的处理方法，以便紧急时刻也能冷静应对。

应急处理要点

① 首先请给医院打电话！

如果发现异常状况，请立刻给医院打电话，并详细描述病情。听从医生的指导，决定是将它带到医院，还是在家自行处理。

② 如有疑问请联系医院！

虽然说是在家治疗，但如果病情有恶化的倾向，请立刻给医院打电话咨询。

紧急情况下的注意事项

不要触摸伤口

主人即使很想了解伤口的状况，也不能直接触摸。需要观察的是血有没有止住，爱鸟是否还在关注伤口。

冷静行动

如果饲主因过于担心而惊慌失措，鹦鹉也会随之陷入恐慌。请温柔地告诉它“没事的”，让鹦鹉放心。

不可自行判断用药

即使症状相似，原因也可能不同，因此，不要擅自使用以前医生开过的药。当然也不能使用人类的药物。

请在电话中简明地描述病情！

- 什么时间开始?
  - 今早开始。
- 出现什么症状?
  - 挥动翅膀拍打全身，身体痉挛。
- 持续了多长时间?
  - 30分钟左右。
- 现在的状况?
  - 没有食欲。
- 你认为的致病因?
  - 直到昨天都很健康，除了饲料未食用过其他东西。

不同症状的应急处理

痉挛

冷静地观察宠物鸟，如果痉挛几分钟后就自然停止，不要擅自移动小鸟，安静地观察它的状态即可。千万不可触摸刺激它。如果痉挛不止，可能需要到宠物医院进行紧急处理。如果宠物鸟在笼内挥动翅膀，到处乱撞，主人可以轻轻地用手将它包围起来，但是大力按压的话，鸟儿会无法呼吸，甚至骨折，需要特别留意。总之，无论发生哪种状况，都要咨询经常就诊的医院。

痉挛指的是“全身或身体的一部分无意识地抖动”状态。可能伴有“嘎嘎嘎”的叫声。

肛门排出异物

首先，确认一下是否有出血。条件允许的话，仔细查看排出的异物究竟是什么。红色的黏膜还是蛋或构成蛋的物质（未成形的蛋），还是两者皆有。不要贸然触摸排出的异物，并尽快带爱鸟前往医院。

脚或翅膀疼痛

如果是受伤引起的疼痛，移动宠物鸟反而会加剧它的疼痛，因此，请将它放到外出笼或塑料盒内让它安静下来。疾病也可能引起疼痛，比如骨折，需要尽快接受治疗，一旦宠物鸟有疼痛迹象，请立刻就医。

出血

首先要确认是哪里出血，以及血是否已经止住。

剪趾甲导致的出血

宠物商店等地方会出售一种名为“止血粉”的止血剂，在剪趾甲时，请提前准备好。只要将其涂抹在出血部位，血就会立刻止住。

恐慌乱飞导致羽毛出血

未发育完全的羽毛，它的羽轴与血管相连，因此碰伤后会导致血流不止。拔掉折断的羽毛，出血就会止住，如果处理不好，还请带它前往宠物医院。

被其他鸟咬出血

用干净的纱布或棉签压住出血部位1～2分钟，然后轻轻松开。如果还止不住血，请带它前往宠物医院。

止血剂只可用于趾甲和鸟喙

止血剂（止血粉）只用于趾甲和鸟喙的出血。因其刺激性强，所以不能涂抹在皮肤伤口上。

烫伤

如果烫伤的部位是脚爪，请马上用流水冲洗，为患部降温。冲洗时请注意不要弄湿它的身体。如果烫伤部位并非脚爪，切勿在家中处理，请立刻带它前往医院就医。

误食

如果发现宠物鸟误食，请马上前往医院。若伴有恶心、多尿则表示情况比较紧急。如果主人知道宠物鸟误食的物品，请将该类物品带到医院。当然，最重要的是将宠物鸟可能会误食的东西放到它接触不到的地方。

下列物品可能引起中毒

- 项链
- 镀锌的铃铛或锁链
- 马赛克玻璃
- 洗涤剂

病鸟护理

突如其来的疾病

虽然不是很想谈这个话题，不过无论主人多么关心爱鸟的健康，它都可能生病。根据它的症状轻重，有时需要入院，有时只需在家护理即可。为了避免遭遇爱鸟突然生病而慌乱的状况，请做好应急准备和思想准备。

家庭护理最重要的一点是保温。疾病会影响宠物鸟的食欲，导致体温降低，从而进一步影响食欲，并消耗更多的体力，陷入恶性循环。请将病鸟生活空间的温度，设置在不会让鸟羽蓬起的温度（约为28～30℃）。

① 维持合适的温度

宠物鸟的羽毛蓬起时，说明它感到了寒冷。请主人找出不会让鸟羽蓬起的温度，可以使用保温板和保温灯，维持合适的温度。

② 夜晚开灯，确保宠物鸟可以看见饲料

为了防止宠物鸟的食欲下降，不要让周围一片漆黑，保持明亮状态，确保它可以看到饲料。

③ 准备宠物鸟爱吃的饲料

食欲减退会消耗体力。请在宠物鸟健康时，提前准备好它爱吃的饲料，有备无患，这样主人才能更安心。

保温方法

下面分别介绍一下宠物鸟住在笼内和塑料盒里的保温方法。
请考虑自家的环境和爱鸟的状态，为它提供最适合的保温环境。

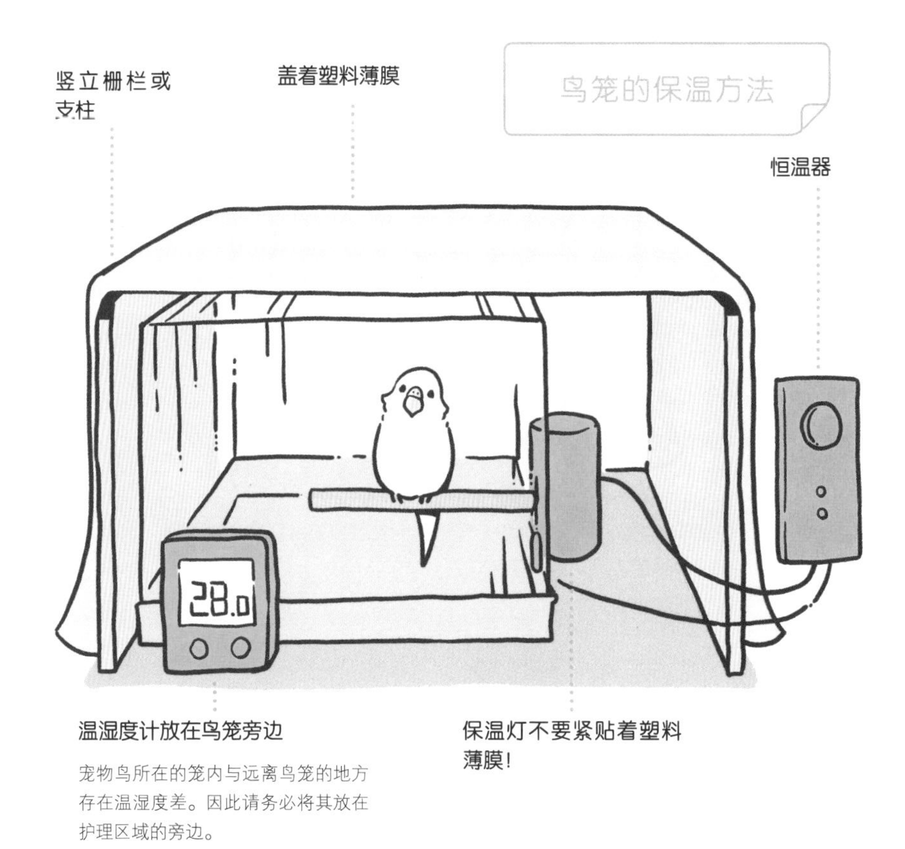

宠物鸟所在的笼内与远离鸟笼的地方存在温湿度差。因此请务必将其放在护理区域的旁边。

鸟笼上覆盖塑料薄膜时……

盖在鸟笼上的塑料薄膜需充分晾干，等味道散尽后再使用。另外，塑料薄膜要与鸟笼保持距离，以免被鹦鹉咬到。

塑料盒的保温方法

为了防止宠物鸟乱跑，请主人用塑料盒做出一个护理区吧。

在笼内安装保温灯

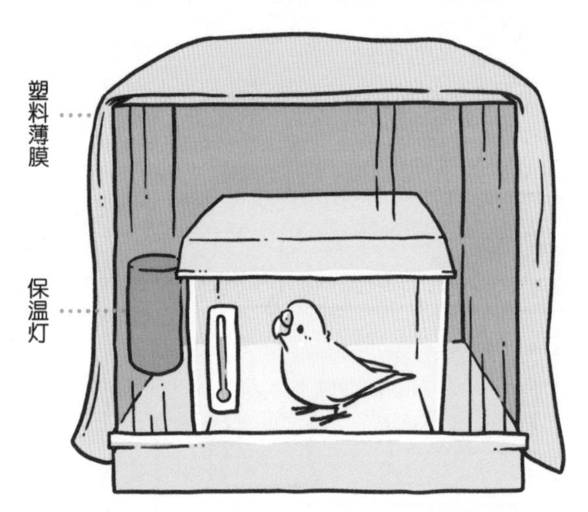

把塑料盒放入笼内，在鸟笼栅栏内侧安装保温灯。鸟笼上要盖好塑料薄膜。请注意不要盖住整个鸟笼，留出一点空隙。

使用保温板

若将保温板铺在塑料盒下，只铺一半即可，留出让宠物鸟感到热时可以逃跑的空间。请确认保温板的温度是否真的会升高。

使用亚克力盒、书立

使用亚克力盒时，请在亚克力盒与塑料盒之间摆上书立，将保温灯挂在上面。

如果宠物鸟站不上栖木……

因为疾病或年龄的增长，宠物鸟的脚会变得虚弱无力，无法站到栖木上，
这时，为了防止发生跌落事故，要仔细考虑栖木的摆放方式。
请主人根据爱鸟的状态调整笼内的布局。

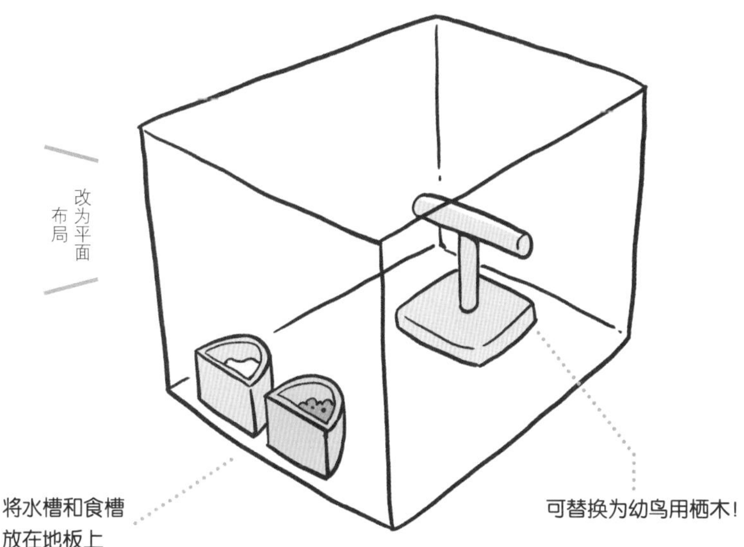

将水槽和食槽放在地板上

在地板上摆放水槽和食槽的时候，为了避免倾倒，请选择陶瓷容器，或改为小号食槽，并用双面胶固定在地板上。

拆除隔离底网

在使用鸟笼时，为了防止鸟儿的腿被卡住而受伤，请拆除隔离底网，保持底部平整。

可替换为幼鸟用栖木！

宠物鸟站在栖木上，情绪会比较稳定。如果它无法抓握栖木，可以将原来的栖木替换为幼鸟用的矮栖木或硅胶管等。

考虑一下家庭护理时，主人能为爱鸟做些什么

有一天，疾病会不期而至，作为主人，可能需要长期陪伴爱鸟与疾病做斗争。时间一长，就要付出更多的就医费用和照料时间。这种情况下，作为主人能为爱鸟做些什么呢？能得到家人的帮助吗？为了避免紧急时刻的慌乱，请提前与家人和医院商量一下吧。

有些宠物鸟会顺着笼网向上爬

如果撤去笼内的栖木，有些想攀高的宠物鸟会咬着笼网向上爬，这时，请用塑料盒代替鸟笼。

喂药方式

喂药方式请咨询医生

当生病的宠物鸟必须在家护理时，主人需要每天让它服下指定剂量的药物。另外，直接喂药和滴眼药水时，都应提前固定好宠物鸟。

喂食药物分为直接喂药和饮水喂药两种方式。请根据宠物鸟的性格和品种，咨询医生哪种方法更合适。

如果始终无法让宠物鸟服药，也不要觉得“今天吃不了就算了”，请马上咨询医生。

固定方式

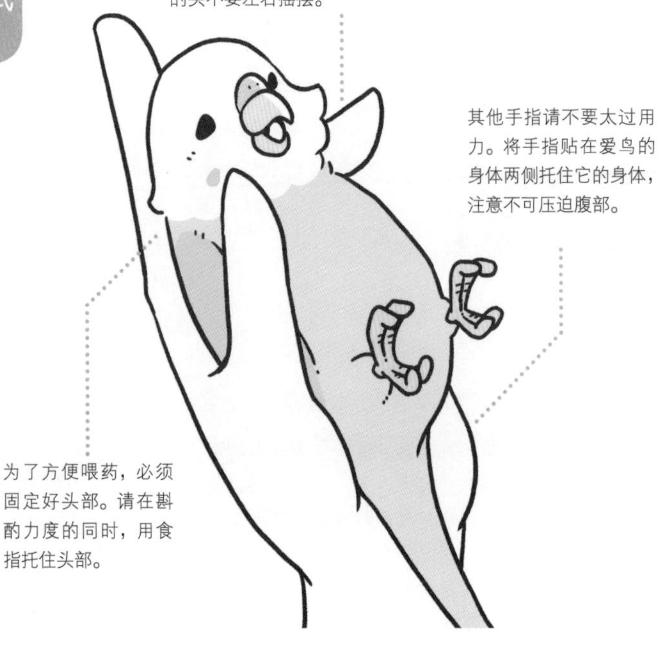

喂食苦药时，宠物鸟会摇头试图逃走，因此请用大拇指和中指托住它的下巴，让它的头不要左右摇摆。
其他手指请不要太过用力。将手指贴在爱鸟的身体两侧托住它的身体，注意不可压迫腹部。
为了方便喂药，必须固定好头部。请在斟酌力度的同时，用食指托住头部。

眼药水

按照左页的固定方法，牢牢地托住宠物鸟的头部和身体。

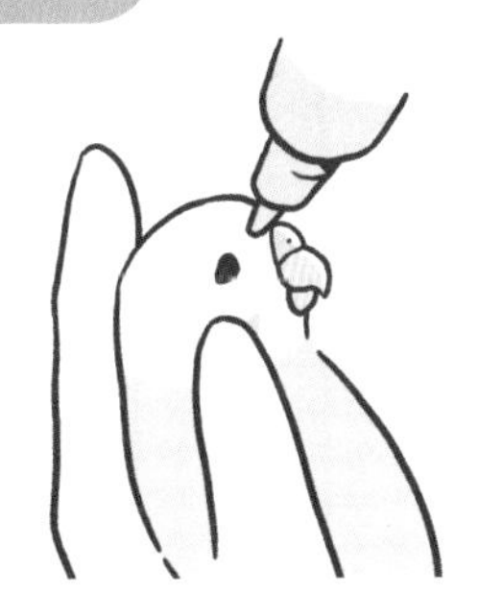

从眼角滴入一滴眼药水。

不管宠物鸟的眼睛是睁开，还是闭合状态，都可以滴眼药水。

与直接喂药的方法一样，滴眼药水也需轻轻地从眼角滴入，眼药水会自然地流到眼睛上。请用棉签轻轻擦掉溢出眼睛的药液。

不要擅自停药!

虽然爱鸟的症状看似消失了，但并不意味着已经痊愈。经兽医诊断已经痊愈或将医生要求服用的药物吃完之前，请主人不要擅自停药!

直接喂药

直接喂药就是直接让宠物鸟喝下药液。

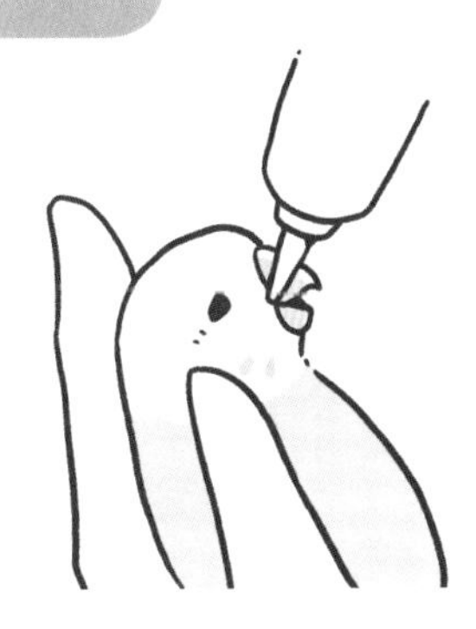

让宠物鸟躺下，从鸟喙边缘轻轻滴入一滴药液，药液会自然地流入口中。如果从鸟喙正面滴入，可能导致药液流入气管，因此请避免使用这种方式。

饮水投药

将医院开好的药物放入一定量的水中，溶解后让宠物鸟饮用。为了确保它喝掉含了有药液的饮用水，请不要在笼内放入其他装水容器。另外，也请留意不要让宠物鸟饮用洗澡水和蔬果碗里的水。

复印后使用哦~

照料记录单

年　月　日—　年　月　日

月/日	体重	食量	饮水量	异常状况

我超喜欢我家鸟啦！

图书在版编目（CIP）数据

第一次养鹦鹉就恋爱了：鹦鹉饲养图鉴 /（日）爱鸟生活著；赵百灵译 . -- 石家庄：河北科学技术出版社，2022.11
ISBN 978-7-5717-1232-7

Ⅰ. ①第… Ⅱ. ①爱… ②赵… Ⅲ. ①鹦鹉－驯养－图解 Ⅳ. ① S865.3-64

中国版本图书馆 CIP 数据核字 (2022) 第 165657 号

第一次养鹦鹉就恋爱了：鹦鹉饲养图鉴

[日] 爱鸟生活 著　赵百灵 译

策划制作：北京书锦缘咨询有限公司
总 策 划：陈　庆
策　　划：宁月玲
责任编辑：刘建鑫
设计制作：柯秀翠

出版发行　河北科学技术出版社
地　　址　石家庄市友谊北大街 330 号（邮编：050061）
印　　刷　河北文盛印刷有限公司
经　　销　全国新华书店
成品尺寸　142mm × 210mm
印　　张　6.25
字　　数　217 千字
版　　次　2022 年 11 月第 1 版
　　　　　　2022 年 11 月第 1 次印刷
定　　价　68.00 元

BIRDSTORY
原创作品

名牌

名牌

便笺

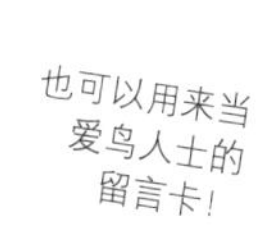

你喜欢哪种鸟?

相框

素材纸也可以在觅食训练中拿来包饲料哦！

素材纸 ▶